亞 ANTOINE HOULOU-GARCIA——著 林凱雄——譯

長久以來被誤解的科學故事大解密

蘋果才沒有砸在牛頓頭上！

ET LA POMME NE TOMBA PAS SUR LA TÊTE DE NEWTON

Ces petits mensonges qui ont fait l'histoire des sciences

CONTENTS

每當我犯錯，人人都會察覺，一旦我說謊就無人知曉了[1]。

——歌德（Johann Wolfgang von Goethe）

我們得先從錯誤開始，再以真相取代。意思是，我們得找出錯誤的來源，否則真相也無濟於事。真相的位置要是被別的東西佔住，便無法深入人心。想以真相取信於人，僅僅陳述真相並無助益，還得找到從錯誤抵達真相的途徑。[2]

——維根斯坦（Ludwig Wittgenstein）

CHAPTER 1

我頭上被砸的一小下，是人類的一大理論

1 我頭上被砸的一小下，是人類的一大理論

當牛頓看見蘋果掉落，
在那從沉思中微微驚醒的瞬間，他發現——
據說他發現（我可不會憑空代言
智者的信念或思慮）——
一個證明地球在打轉的模式
這最自然的迴旋，叫做「引力」；
自亞當以來，這是唯一一個凡人，
能與墜落——或說與一個蘋果——相抗衡。[1]

——拜倫（Lord Byron）

科學史上最廣為人知的軼事，莫過於這一則：一天，牛頓（Isaac Newton）在樹下打盹，一顆蘋果掉到了他頭上。這位天才靈機一動：蘋果會往地面掉落，是因為地球的引力把蘋果拉向地心！

提及這起事件的文獻不計其數。牛津自然歷史博物館有一座牛頓的雕像，就不忘加以呈現：牛頓托著下巴站在那裡，低頭看著……腳邊的一顆蘋果。故事裡這株蘋果樹位於伍爾索普莊園（Woolsthorpe Manor），牛頓在一六四二年出生的地方。至今它依然存活，由一小圈木籬笆圍著。其實它曾在一八一六年被暴風雨吹倒，又從倖存的樹根重長出來，所以現在也快四百歲了！

不只如此，牛頓的蘋果樹幾經扦插繁殖，現在很多地方都有它的「複製樹」：英國的劍橋大學三一學院（Trinity College）、阿根廷的鮑塞羅研究院（Institut Balseiro）、美國的麻省理工學院（MIT）、北京航空航天大學。以上只是幾個例子，總共有三十幾棵散布在世界各地。這則故事實在廣為人知，很多書要是以牛頓或引力論為主題，甚至是物理學或一般的科學史，都會以它為書名或封面插畫。

還有更妙的：二〇一〇年，為了慶祝牛頓曾擔任主席的英國皇家學會（Royal Society）成立三百五十周年，亞特蘭提斯號太空梭飛往國際太空站時，特地攜帶了一截它的樹枝。二〇一四到二〇一五年間，歐洲太空總署取了一些它的種子，送上國際太空站。這些種子就在太空站裡漂浮了六個月才回到地球。

最後（其實例子不勝枚舉），別忘了跨國大企業蘋果的第一代商標，用的就是一幅牛頓坐在蘋果樹下的素描，後來才被那顆享譽全球、被咬一口的蘋果取代。那幅素描出自隆納・韋恩（Ronald Wayne）之手，他和史蒂夫・沃茲尼克（Steve Wozniak）、史蒂夫・賈伯斯（Steve Jobs）是蘋果的共同創辦人。

正史的說法

這則軼事到底是怎麼來的？凡要說點歷史，總要了解內容的出處：在牛頓的時代，有沒有文獻提到這顆蘋果？

說也奇怪，第一個提到這件事的人是法國作家伏爾泰（Voltaire），他似乎是間接從牛頓的外甥女凱瑟琳．巴頓（Catherine Barton）口中得知。更令人意外的是，他是在一七二七年以英文撰寫的一本著作中提到的，牛頓就在同年過世：

有天艾薩克．牛頓爵士在自家花園散步，看見一個蘋果從樹上掉下來，於是首次生出引力論的想法。[2]

伏爾泰只是簡單帶過，沒提供什麼資訊。幸好，在《牛頓生平回憶錄》（*Memoirs of Sir Isaac Newton's life*）中，牛頓的友人兼傳記作者威廉．史督克利（William Stukeley）就寫得詳細得多了：

一七二六年四月十五號，我去拜訪艾薩克爵士……天氣甚暖。晚餐後，就我們兩人，到花園裡的蘋果樹下乘涼喝茶。他在我們談其他話題時提到，從前他就在這一模一樣的情景中，萌生引力論的概念。那時他坐在樹下沉思，看見蘋果跌落枝頭，不禁自問：「為什麼這蘋果總是垂直往地面掉落？不是往兩旁或向上，而總是朝著地球的中心？原因必然是地球在吸引這個蘋果。物質想必蘊含一股引力，而在構成地球的物質裡，這股引力的總和應該存在於地心，而不是地表某一處，蘋果才會往地心方向垂直掉落。要是物質會吸引物質，這股力量應該與其數量相應。所以蘋果吸引地球，地球也吸引著蘋果。」

牛頓逐漸把引力的特性用於解釋地球和星體的運動，推測它們的距離、大小、軌道周期，並發現引力加上星體生成時被賦予的加速度運動，能完美解釋它們的環狀軌道、它們為何不會相撞，又或者，它們為何不會全掉往同一個中心。牛頓就這麼揭露宇宙的運轉原理。藉由這項驚人的發現，牛頓在堅實的基礎上建立起一套學說，震懾了整個歐洲[3]。

由此可見，蘋果的故事是牛頓本人說的。但要注意，他的頭從沒被蘋果砸到過，他只是藉由觀察蘋果落地得到靈感（在本章開篇引用的詩句裡，拜倫也是這麼寫的）。所以說，雖然想藉此發揮喜感的插畫家恐怕會大失所望，不過我們該把這則軼事的一大情節改正過來。

約翰．孔杜伊特（John Conduitt）也描述過這樁軼事，他是牛頓在皇家鑄幣廠的助理，也是巴頓女士的先生。他為長官傳記所寫的註記中有這兩段：

……一六六五年，牛頓退居自家莊園避疫時，看見蘋果從樹上掉下來，於是首次有了引力論的想法[4]。

一六六六年，他再度離開劍橋，回到母親在林肯郡的住處。當他在花園裡信步漫想，突然想到引力（蘋果從樹梢掉到地面的原因）應該不只存在於地表附近，比我們通常會想到的更遙遠的地方，應該也有。他心想，說不定在月亮那麼高的地方也有引力，果真如此，這應該會左右月球的運動，使它留在運行軌道上。後來他便著手計算這個假設會產生的效應……[5]。

來結算一下：牛頓在一七二六年、過世的前一年，親口提起發生於一六六五到一六六六年間，也就是六十年前的蘋果事件。他沒有早點講起這件事，不是很奇怪嗎？從他的書信和筆記都找不到蛛絲馬跡。的確，牛頓至少從一六六四年就開始研究引力，他的一本筆記中有註解和算式可以佐證[6]。不過他主要是從一六八四年起，應惠更斯（Huygens）的要求才開始深入鑽研，並且在一六八七年發表了巨作《自然哲學的數學原理》（*Philosophiæ naturalis principia mathematica*，以下簡稱《原理》）。一般公認這是科學史上數一數二的重要著作，主要內容就是萬有引力定律。

兩大問題

如同所有的科學工作，牛頓的研究是也立基於前人（諸如羅傑．培根〔Roger Bacon〕、伊斯梅爾．布利奧〔Ismaël Boulliau〕、約翰尼斯．克卜勒〔Johannes Kepler〕、喬瓦尼．阿方索．博雷利〔Giovanni Alfonso Borelli〕）和同代學者，其中有些人還可說是他的競爭對手，尤其是哥特弗利德．威廉．萊布尼茲（Gottfried Wilhelm Leibniz）和羅伯特．虎克（Robert Hooke）。

在《原理》中，牛頓用了他自創的一個數學技巧，現在稱為微積分（利用極限概念計算函數的變化率與累積量）[7]。就在牛頓建構這套運算法的同時，萊布尼茲也在發展極為類似的研究。最大差別在於，萊布尼茲是在一六八四年[8]發表結果，比牛頓的《原理》早了三年。

萬有引力定律

在科學史上，這是一個極為重要的定律，可以用兩句話概括：兩物體A與B以一相等力量互相吸引，這股力量與兩物體質量的乘積成正比、與兩物體間距離的平方成反比。

這個定律告訴我們，例如，為什麼蘋果會垂直掉落，月亮與太陽的引力又如何影響潮汐現象；這也解釋了為何月亮永遠「掉向」地球，又絕不會撞上地球。這就像你從喜馬拉雅山發射一枚砲彈，只要速度夠快（但也不能太快），足以使它進入環繞地球的軌道，引力就會使它永遠留在軌道上，既不會往地球墜落，又會一直「掉向」地球。史蒂芬・霍金（Stephen Hawking）說過，牛頓應該也能用這個定律預測宇宙的擴張才對（要是牛頓當初想像得到一個含有有限數量星體的有限宇宙）[9]。

克卜勒在一六〇九年發表行星運動定律，宣稱行星的軌道是橢圓形而非圓形。多年後，萬有引力定律終於提供了嚴謹的驗證。克卜勒以觀測結果說明他的定律，牛頓則用數學加以證明。

這也沒什麼大不了的，至少一開始是如此。在一六八七年的《原理》初版中，牛頓註記道，他在十年前與萊布尼茲通信，並稱許萊布尼茲「精通幾何學」、「是個人才」[10]，且兩人都注意到彼此的運算方法幾乎如出一轍。這個小註腳的意思是說，他們同時有了同樣的發現。

然而，皇家學會的成員很快群起指控萊布尼茲剽竊。這個誰是第一的問題，也事關國家的面子問題。牛頓也是皇家學會會員，後來他透過該學會在一七一一年發表一篇報告，說明微積分是他個人的創舉，並且大篇幅痛批萊布尼茲。

在一七一三年的《原理》二版中，牛頓便改寫了那個註腳，說他跟萊布尼茲的運算法有一技術上的重大差異。到了一七二六年的三版，萊布尼茲從字裡行間徹底消失[11]。然而，這個最終版很自然地成了權威版本。

一個人的名字在改版過程中被抹除，這在科學史上並非頭一遭（在我們講到哥白尼〔Copernic〕時還會看到），目的無非是把功勞全歸給某一人。牛頓就如此自詡為微積分的唯一發明人。

這既不是唯一一次爭議，也不是最重大的爭議。牛頓跟虎克的糾紛還更嚴重，因為直接牽涉到萬有引力定律出自誰手。有些書整本都在講這件事，不過我們不是要判斷虎克是否更早發現引力定律，而是試著了解這場糾紛對牛頓有何影響，畢竟這後來帶出了蘋果的故事。

簡單來說，一六八四年夏天，愛德蒙・哈雷（Edmond Halley，知名的哈雷彗星就以他命名）去拜訪牛頓，想告知牛頓一個他跟虎克[12]苦思不解的行星軌道難題。沒想到牛頓透過數學運算，已經大致解出答案，之後牛頓便著手撰寫《原理》。哈雷不只參與《原理》的編輯，還在正式出版前，就興沖沖地把部分研究結果提交皇家學會。然而當時虎克擔任學會的祕書，看到牛頓號稱萬有引力定律是他個人發想，在公式中還用上虎克曾向他建議的與距離平方成反比，虎克大為震驚。

反之，牛頓不只認為他用不著虎克幫忙，自己就想得到那個概念（中世紀以來的許多物理現象已足以佐證），還覺得虎克根本沒本事用數學證明出結果，牛頓才辦到了[13]。

除了牛頓的說法，他的情緒反應也很有趣。虎克的話令他如此反感，害他差點想刪除《原理》的第三卷，他的引力定律和對宇宙的研究就寫在這一卷裡。他甚至一度想把書名改成《天體運動二卷》（*De Motu corporum libri duo*）[14]。

要知道，虎克跟牛頓是死對頭，長年對很多科學問題意見相左，而且不像萊布尼茲，虎克也住在英格蘭。兩位大學者爭執不下，不只是為了全國的知識領袖地位，也關乎政治層面的影響（虎克是皇家學會的祕書，後來該學會由牛頓擔任主席）。

蘋果的意義

要對付萊布尼茲，事情可謂單純：全英格蘭、對牛頓來說就是整個皇家學會，都站在他這一邊。隨著《原理》改版，把萊布尼茲的名字逐步刪光即可。至於虎克，因為他是該學會的重要成員，所以事情比較棘手，也更令人難以忍受，因為這不只是打打文字戰，更是近身肉搏。

然而，蘋果的故事直到一七二六年才被首次提及，也就是牛頓與虎克為此起爭議的四十年後。在一七二六年之前，牛頓應該已經向外甥女巴頓提過，後來又由巴頓告訴了伏爾泰。更何況這故事要是確實不假，牛頓應該老早就掛在嘴邊了，好公告周知他在多年前就獨自發現了引力，虎克一點功勞也沒有。

牛頓會在晚年說起年輕時的蘋果軼事，無疑顯示他想證明自己有多麼天才。

更重要的是，他不欠任何人人情。一七二六年，兩大問題都解決了：萊布尼茲自《原理》第三版中除名，世人也因為蘋果的故事忘了虎克的存在。

我們都知道，在社群媒體和資訊過載的時代，一張圖勝過千言萬語。圖像不只會印入腦海，印象也更持久。這正是牛頓靠蘋果做到的事。憑著說故事，他剷除對手、建立個人神話，其威力之強大，讓牛頓至今都是科學史上最偉大的象徵人物。

然而，故事要能如此深得人心，也要聽眾願意買帳才行。牛頓最主要的聽眾是科學家和哲學家，而他們看到了一則關於科學本身的寓言：有人見證了自然現象（蘋果掉落），並感到驚奇。這樣的驚奇感正是科學之母，如同亞里斯多德（Aristote）所說：

從開天闢地至今，人類正是出於驚奇感而開始深思哲理。我們先是為尋常事物難解的現象感到驚奇，由此逐漸走上思考之路，並開始自問更重要的問題，例如月亮的盈虧、太陽和星宿的變動，以及萬物的源起[15]。

牛頓的聽眾也包含了普羅大眾。我們就愛相信世界上有「天才」跟「神人」。舉凡科學、政治、宗教、戰爭，我們喜歡傾心於一個不同凡響之人、一個英雄和先知。所以說，一來是為了化繁為簡（以違背事實為代價），二來是出於偏好英雄人物的天性，我們喜歡想像歷史上（尤其是科學史）有許多轉折和突破，這些重大事件的時間、地點，特別是主角，都很明確。

說來不無矛盾，這則軼事幾經演變，成為今天這個「牛頓被蘋果打到頭」普及版，這位科學天才也隨之走下神壇（即使他在我們眼中仍遙不可及）。就像哲學家泰利斯（Thales）從古希臘流傳至今的故事：他因為邊走路邊觀星，跌到了井裡[16]。面對我們自己想像出來的神獸，他們引人發噱的一面使我們安心：這些天才是高人一等，但也沒比我們好到哪裡去，因為他們聰明過頭，反倒害自己出糗。

這些故事具體又好笑的一面，更給人一絲希望：「哪天要是被蘋果砸到頭，我也可能變身天才！」所以囉，我們才會在世界各地的大專院校種這麼多牛頓的蘋果樹（但這時我們就希望蘋果沒砸到牛頓的頭，只是掉到他眼前了）。要是跟（所謂的）天才的靈感來源有個象徵性的連結，只要見證了蘋果落地這類現象，我們應該也會生出絕妙靈感。英國約克大學（University of York）也種了一棵牛頓蘋果樹，他們就在官網上這麼寫：

> 約克大學的樹扎根於現代，它提醒我們，探問平凡的事物能帶來非凡的發現。我們的蘋果樹是截自歷史的切片，然而艾薩克・牛頓的思想在今日仍持續引人共鳴[17]。

蘋果害我們遺忘了什麼

不同於約克大學的說法，牛頓並沒有特別「探問平凡的事物」。或許該這麼說：在他那個時代，許多概念和猜想已經累積了長期的研究，而他做了極佳的組織與歸納。蘋果的故事企圖掩蓋的是（這就是牛頓的目的），科學的基礎其實是講學、辯論、運算、漫長的思考，以及互相矛盾的理論。世界上沒有哪個天才可以從沒讀過前人和同儕的作品，憑一己之力就生出新理論。

蘋果的故事也讓我們看到科學界殘酷的一面——做研究跟市場競爭沒有兩樣，到了今天可能還更形激烈。有時我們難免會出於傲慢而想搶別人的功勞（不論虎克或牛頓都是如此），藉此尋求聲望和肯定，以期職涯順遂、青史留名。

然而，科學不是單憑一個天才，而是無數學者的心血結晶。對普羅大眾來說，科學史最終卻只載入幾個名字。今天我們在學校還是這麼教的，我們學的歷史只提帝王跟戰役，然而真正的歷史其實遠為豐富，也更有趣。

就算蘋果的故事是真的（實在不太可能），從看到那顆神祕的蘋果掉落算起，牛頓也花了超過二十年的時間，研究才發展成熟到足以發表。我們卻以為（這又是牛頓想要我們相信的），那顆蘋果剛落地，牛頓的理論和公式便全都到位了。

最終，這顆蘋果害我們忽視了科學的一個關鍵特質，而這透過虎克和牛頓的爭議被彰顯了出來。我們且先不論斷誰是誰非，而是把重點放在牛頓懂得去做、虎克卻不懂的一件事。這裡不妨引用亞歷克西・克萊羅（Alexis Clairaut）[1]

①譯註：一七一三—一七六五年，法國數學家、天文學家、地球物理學家。

的一段話，出自一七五六年出版、埃米莉・沙特萊（Émilie du Châtelet）翻譯的法文版《原理》初版（在第十一章會提到）附錄：

虎克和克卜勒的例子讓我們看到，公開和私底下的事實差別能有多大，最偉大的心靈一旦失去幾何學的指引，對科學的貢獻又是多麼渺小[18]。

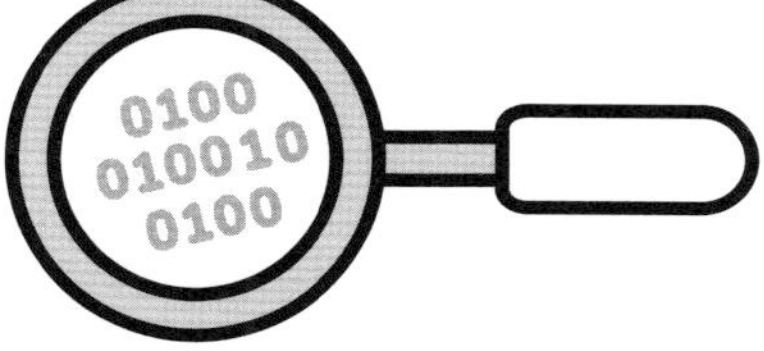

CHAPTER 2

我找到了！

正當他躺在浴缸裡，解決辦法突然冒上心頭。他一躍而起，一邊大喊：「Eureka！」（我找到了，我找到了！），一邊跑向王宮。我們要是知道日期，應該把這一天定為數學物理學的誕生日來慶祝。後來這門學問在牛頓坐在自家果園中時，臻於成熟。[1]

——阿佛列．諾思．懷海德（Alfred North Whitehead）

eureka（尤里卡）——這是阿基米德跳出浴缸時說的名言。它成了我們在面對難題時靈機一動、有了絕妙發現的同義詞，也代表在更廣義的科學發展過程中，直覺發揮的作用。

懷海德是二十世紀初偉大的數學家、邏輯學兼哲學家，而他說得沒錯，對物理這門以嚴謹的數學為基礎、公認為硬科學的學門來說，阿基米德的 eureka 和牛頓的蘋果是兩大歷史時刻。

阿基米德是個充滿熱情、無時無刻都在設法解決問題的人，一生為研究而活，甚至因研究而死。古羅馬歷史學家普魯塔克（Plutarch）是這麼寫的：

> 那時，阿基米德在家中推敲一個幾何形狀，全神貫注於自己的思緒，沒注意到羅馬軍隊攻來，拿下了他的城市。一名士兵突然出現在他眼前，奉羅馬將軍馬塞盧斯（Marcellus）之命，要帶走阿基米德。阿基米德的幾何問題還沒解決，尚未寫出推導證明，於是不願聽從。士兵一怒之下，竟拔劍殺了他。[2]

不論是泡在浴缸裡，或面對羅馬人的劍尖，阿基米德總是充滿這種熱情躁動，促使他尋找解方、寫出推導證明、發想新的工具。普魯塔克的描述催生了無數繪畫和插圖，因為我們從中看到一個為智識獻身的阿基米德，教平庸的凡人（例如那個砍死他的士兵）望塵莫及（之後我們會回頭談阿基米德之死）。這件浴缸軼事也成了科學史上最偉大的象徵之一，各式各樣的科普著作都以此為題。

不過這則故事是怎麼來的？阿基米德又怎麼會突然跳出浴缸，光著身子在街上狂奔？

泡澡解題法

阿基米德生於西元前三世紀的西西里島敘拉古（Syracuse）。這座城市由希倫二世（Hiero）統治，當時人稱「tyran」，在現代有點難翻譯，因為這在古代的意思是單純（也不具負面意義）的「國王」。至於這則知名的 Eureka 故事，我們是從古羅馬建築家維特魯威（Vitruve，生於西元前一世紀）筆下得知的，他是公認的建築大師，他寫的《建築十書》（*De Architectura*）經後人重新發掘，啟發了整個文藝復興時期。維特魯威是這麼寫的：

至於阿基米德，他在許多領域確實都有令人欽佩的發現，但在諸多事蹟當中，以下這一樁似乎特別凸顯他的絕頂天才。敘拉古的希倫二世權傾一時，為光耀個人功績，決定在神廟供奉金冠一頂，向永生的眾神還願。他公開招募打造金冠的工匠，並將所需的金子用提秤秤予得標者。得標的工匠日以繼夜趕工，發揮精緻的手藝，成果也獲國王批准。最後再經提秤檢驗，那頂金冠似乎也跟當初撥給他的金子等重。然而有人向希倫告密，說該工匠私吞部分金子，改在還願的金冠中混充銀子作數。希倫發現自己受騙，怒不可遏，卻無從證明工匠偷工減料，便要阿基米德為他想個辦法。阿基米德抱著這樁心事去泡澡，在坐進浴缸時，注意到從浴缸溢出的水量，等於他身體浸入水中的體積。這下他有了解決辦法。他在大喜之下跳出浴缸，就這麼赤裸裸地跑出家門，一路大喊大叫，教路人也都知道他找到了。因為他邊跑邊用希臘語不停大喊的是：「我找到了，我找到了！」[3]

維特魯威根據當時羅馬人的習慣，在原文中用的不是拉丁文，而是希臘文寫出阿基米德大喊的話：εὕρηκα，也就是eureka，意思就是「我找到了」。他找到的是揭穿工匠舞弊的方法。

我們都知道一公斤羽毛的體積比一公斤鉛塊來得大。同樣道理，等重的銀塊也比金塊大。於是阿基米德打造了和金冠等重的一枚金塊、一枚銀塊，並把兩塊金屬先後浸入盛水的容器裡，看到銀塊使水位上升較多。於是他知道在這同樣的重量時，銀子的體積比金子大多少。

接下來他把金冠浸入同一個容器，發現水位上升得比金塊多，但比銀塊少。他再很快計算一下，便得出金冠中有多少金子被銀子取代。

除了這個破案方法，現在「eureka」也常讓人聯想到所謂的「阿基米德浮體原理」，這個原理通常敘述如下：

物體凡進浸入靜態液體中，不論完全浸入或有部分露出液面，都會受到一垂直向上的浮力，此力與液體被物體排出體積的重量相等、方向相反。

在《浮體論》（*On Floating Bodies*）中，阿基米德寫下了這個類似的定義：

一固體要是比等體積的某液體輕，在我們施力將它浸入此液體中時，會受到一股力量將它向上推，此力與該固體所排出液體的重量相等，並作用於該固體浸於液體中的體積。[4]

在科學史上，以幾何證明為基礎的流體靜力學著作中，這是最早的幾本之一。裡面其他內容也很有趣，例如他認為遠方的海面看起來呈弧形，原因是每滴水承受的壓力在地球表面達成平衡（當然啦，因為我們都知道地球其實是圓的，雖然有時人類並不這麼想，這在第七章會再提到）：

> 所有靜止液體的表面都呈圓弧形，且與地球同圓心。[5]

阿基米德的生平充滿科學軼事，不論對科學史行家或新手來說，他都激發了無窮想像。

我們從他活用凹面鏡的事蹟說起。這種弧形鏡面要是拿對角度，能把陽光的熱力集中折射於一點。阿基米德就用這招燒了馬塞盧斯將軍（在前面引用的普魯塔克文章中出現過）領導的羅馬艦隊。當時羅馬與迦太基交戰，西西里島是必爭之地，敘拉古又是迦太基的盟邦，所以那個羅馬士兵才會在阿基米德想把證明寫完時，氣得殺了他。

另一則軼事，精確來說是一句名言，凸顯出阿基米德多會想解決難題的務實辦法：「給我一個支點，我將舉起地球。」[6]的確，在離支點愈遠的地方壓槓桿，就能舉起愈重的東西。這也是為什麼，要推開一扇門，從距離門軸更遠的地方推比較省力。

最後，從科學博物館愛用的教育展覽品再舉一例：阿基米德發明了螺旋抽水機。這種抽水機會透過旋轉把水從低處引向高處，又因為這種螺旋沒有中斷之處，所以是極佳的工具，能用於灌溉。

阿基米德的傳說

你可能會想，問題是，包括「eureka」在內，這一切從沒出現在阿基米德的著作裡。然而這不代表這些事蹟都是假的，只是有待商榷。

例如那個浴缸的故事，就是比阿基米德晚兩百年的維特魯威寫的。凹面鏡火燒羅馬艦隊的事蹟，則是首次出現在安提莫斯（Anthemius of Tralles）[7]筆下，時間是西元六世紀（也就是比阿基米德晚八百年），他寫的一本探討凹面鏡（生火鏡）的論文。凹面鏡在安提莫斯的時代是幾何學的熱門話題，在阿基米德的年代卻純屬空想，因為當時還沒有打造這種鏡面的技術。至於槓桿名言是在西元四世紀，由亞歷山大的帕普斯（Pappus of Alexandria）首次提出是阿基米德說的[8]。最後，螺旋抽水機的發明是在阿基米德身後兩世紀，由西西里的狄奧多羅斯（Diodorus of Sicily）歸功於阿基米德[9]。說也奇怪，與狄奧多羅斯同一個時代的維特魯威也談過螺旋抽水機，卻完全沒提到阿基米德[10]。

關於阿基米德最大的問題在於，我們對他的生平幾乎一無所知。他流傳下來的著作都是純理論，主要是幾何學，完全沒有探討實際應用。根據不同時代的資料來源，這是因為他不喜歡自己的研究被拿去做應用。即使很多人都這麼說，我們依然不能肯定，因為還是一樣，阿基米德本人沒留下任何文字如此自述。要這麼推論，唯一的事實根據就只有他從沒寫下任何實用發明。

這是研究古代科學史的一個難點：我們對古人的生平所知不多，他們留下的著作也很少。以阿波羅尼斯（Apollonius of Perga）為例，他是古代的大幾何學家，年代稍晚於阿基米德，而根據帕普斯，阿波羅尼斯寫了現今已佚失的《螺旋論》（*Sur la vis*），以數學方法分析那知名的「阿基米德螺旋抽水機」。然而我們再次看到，帕普斯是在阿波羅尼斯身後五百年才寫到這件事，令人不得不有所保留，也完全證明不了螺旋抽水機是阿基米德的發明。更何況，在阿基米德的年代，埃及人似乎已經在使用這種抽水機了[11]。

總之，有些軼事或許可信，至少部分如此（例如螺旋抽水機早已為埃及人所知，所以阿基米德大概也不是不知道，只是就不能說是他的發明了），另一些恐怕就純屬虛構了。凹面鏡顯然是個例子，浴缸一節也八成是傳說，還有阿基米德之死，場面那麼戲劇化，實在叫人難以置信。

阿基米德（真正的）難題

阿基米德還是有一些真實的軼事，對普羅大眾來說或許沒那麼精彩，卻具有真正的價值。

在我們的想像中，阿基米德披著數學家和工程師的神祕面紗，但他其實對一款拼圖遊戲情有獨鍾，名叫「骨頭拼圖」（ostomachion，希臘文的意思是「小骨頭」）。古希臘確實有這種拼圖，由十四個幾何零片組成，玩法是要把它們拼成一個正方形。這可以有多種組合，不過阿基米德的拚圖（和他用的零片）以及他的拼法（有多種其他解方）如下：

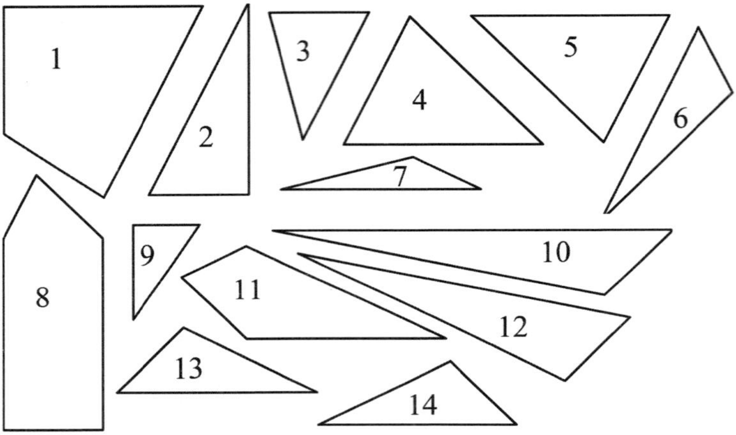
1
2
3
4
5
6
7
8
9
10
11
12
13
14

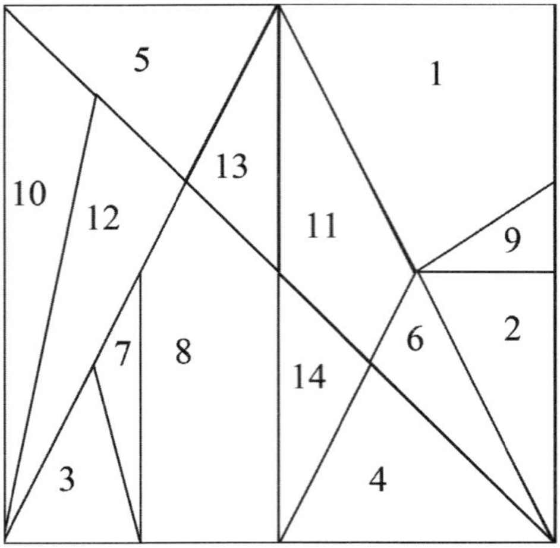
5
1
13
10
12
11
9
2
6
7
8
14
3
4

阿基米德天才的地方在於，他把一個看似平凡無奇的遊戲，化為硬派的幾何問題，他的解法也令人叫絕：這十四個零片跟最後拼成的正方形都有公約數。簡單來說的意思是，例如最後的正方形面積是四十八平方公分，那麼所有零片的面積就都是整數（一平方公分、二平方公分、七平方公分……等等）。乍看之下根本不會想到。

而且這不只是流傳數百年的傳說，阿基米德留下了一本小論文，說明他的運算方法，論文的題目就是《骨頭拼圖》（*ostomachion*）。[12]更有趣的是，我們能用玩七巧板（源自中世紀中國的拼圖，幾百年來都是廣受歡迎的數學挑戰）的方式來玩骨頭拼圖，除了正方形，也能拚成各種更好玩的形狀。就像波爾多詩人奧索尼烏斯（Ausone）在西元四世紀寫的：

> 這就像……希臘人的骨頭拼圖，由十四個幾何零片代替原始的小骨頭……。

能以各種方式組成無數圖樣：巨象、胖山豬、飛鵝、武裝格鬥士、埋伏的獵人、吠叫的狗、斑鳩、雙耳酒杯，以及其他無數造型，花樣多寡視玩家技巧而定。一雙能變化多端的巧手，不失為一種才華[13]。

這就是用骨頭拼圖拼成的格鬥士：

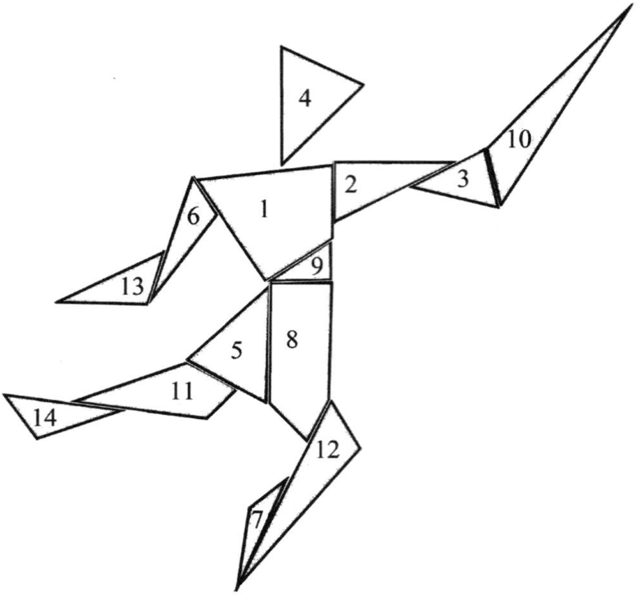

至於其他圖樣，你可以自己試著拼拼看！

軼事的面紗

透過這四則最有名的軼事（浴缸中的 eureka，凹面鏡火燒羅馬艦隊，舉起地球的槓桿，螺旋抽水機），我們看到了阿基米德的多重面貌，這也代表了科學的多重面貌。首先，就跟牛頓一樣，科學家的絕妙思想好像都以突發（且滑稽）的方式出現，並且一舉翻新科學界，就像懷海德在本章開篇引言中描寫的。

此外，科學思想必須有實用價值才值得一提：凹面鏡有軍事用途，槓桿有機械價值，螺旋抽水機有助灌溉，eureka 解決了國王的難題。這呼應了學生和一般民眾對科學常有的疑問，尤其是數學：「這有什麼用？」大家常覺得數學太燒腦了，除非有實用性才值得研究。

然而阿基米德似乎認為，唯有純理論研究才有價值。我們會這麼想有三個原因：首先，他只留下理論性著作（幾乎都是幾何學）。其次，他的物理學研究（尤其是流體靜力學，也就是知名的「阿基米德原理」）純以數學寫成，不必經由實驗證明。最後，古希臘時期的作者都提過，阿基米德有多麼不屑自己的研究發現被挪於實用。他們異口同聲的說法，跟前面提到的軼事很不一致。

這些軼事也蓋過了阿基米德真正偉大的發現。首先，他用多邊形內接和外切圓周的方式，發明了計算圓弧長度的「逼近法」[14]。直到萊布尼茲和牛頓發明了微積分，他的逼近法才得到改良（見第一章）。他又大量運用逼近法計算圓周率（大約等於22/7），得到極精確的近似值（介於3+10/71和3+10/70之間），並計算出許多幾何造型的面積（尤其邊緣是螺旋線和拋物線的造型）和體積。

阿基米德尤其為了計算出一種體積而自豪不已：透過冗長的推導和精湛的

數學技巧，他證明了一個圓柱體內若有一個與其各面均相切的圓球，這個圓球的體積就正好會是圓柱的三分之二。

他為此自豪到連墓碑上都雕了一個裝著圓球的圓柱。兩百年後，西塞羅（Cicero）就憑這找到了阿基米德的墳墓：

> 阿格理真托（Agrigente）城門附近墳墓林立，一天，我在那一帶四處尋找，目光突然落在一個小柱子上，樹叢幾乎完全掩沒了它。那個柱子上刻了一枚圓球和一個圓柱體。我馬上跟陪同我前往的敘拉古要人說，這應該就是我要找的。我們派了一群人帶鐮刀去清除那片地方，等闢出通道，我們便往墓碑底座的正面前進。上面的銘文依稀可辨，因年代久遠，外圍的文句已經磨蝕，幾乎只剩不到一半。要不是由一個阿爾皮諾來的孩子指出來，全希臘最知名、曾一度擁有最高知識水準的城邦，就這麼遺忘了他們第一才子的紀念碑。[15]

阿基米德身後的蓬勃發展

被歸在阿基米德頭上的種種軼事，最終導致一個後果，也就是科學史給人的一種普遍印象。埃里克・坦普爾・貝爾（Eric Temple Bell）的評語是很好的示範，他是二十世紀初的大數學家和知名科普推廣者（組合數學中的「貝爾數」數列就以他命名）：

> 現代數學隨阿基米德而生，又隨阿基米德死了兩千年，到了笛卡兒和牛頓手中才起死回生。[16]

阿基米德無疑是個絕世天才，他的著作是數學發展史上的一大里程碑。

話雖如此，希臘的數學並沒有隨他而死，差得遠了！不論是阿波羅尼斯的幾何學，尼科馬庫斯（Nicomachus of Gerasa）的算術，丟番圖（Diophantus）的代數（只舉一般人多少聽過的三個例子，還有很多），數學都在阿基米德過世後繼續蓬勃發展。

那麼，我們為什麼否認他身後的學者呢？幹嘛一竿子打翻一船人？更別提我們是怎麼想像中世紀的——一個科學沉睡千年的時期（見第七章）。毫無疑問，因為我們喜歡天才人物。就像第一章提過的牛頓，我們再度藉由阿基米德看到，世人多愛把科學史簡單歸結於幾個名人，好像比較沒名氣的人（不論他們沒名氣得有沒有道理）只是平庸的評論家，或是不重要的作者。

我們通常也是這麼看藝術的：

十八世紀音樂的代表，只有巴哈、莫札特和海頓；繪畫的部分，是大衛

（David）①、福拉歌那（Fragonard）②和布雪（Boucher）③；文學是伏爾泰、狄德羅（Diderot）④和盧梭（Rousseau）。這樣教小學生不是不行，畢竟是個入門的方式。但我們要是真心這麼相信，認為其他人只是不值一提的配角，一概加以鄙視與忽略，那就大錯特錯，也太可惜了。

這在科學界是更大的問題，因為世人公認的主要學者之所以會有重大發現，關鍵往往是立基於被貶為次要學者的研究。在科學的歷史上，各個時期即使未必有絕世天才，還是都有無數的學者在推動科學進展。

有些人的確很快成為傳奇，例如阿基米德，還有牛頓跟愛因斯坦（Albert Einstein，見第八章），都是在世時就成為傳奇人物，這樣的形象又受到後人維護，甚而強化。然而，否認其他學者的貢獻，等同於否認科學史的發展邏輯，有如在一片汪洋中，只有浮出水面的大島值得記上一筆。

的確，要對整個科學史有全方位的認識十分困難，光是要弄清楚一小段時期中一個小主題的歷史，已經很不容易（歷史，不論是關於科學或其他領域，都是棘手的重建工作，得下漫長的苦工）。然而，我們至少要有這個認知：只記住幾個人名的習慣作法，並未反映出真實的科學史。如此看待時代和知識演進是很方便，然而這只是障眼法，不該加以濫用。我們如果只注意太陽般的存在，最終將被水面的反光蒙蔽了視線。

①譯註：Jacques-Louis David，一七四八—一八二五年，法國畫家，新古典主義畫派的奠基人和代表人物。
②譯註：Jean-Honoré Fragonard，一七三二—一八〇六年，法國洛可可時代最後一位重要代表畫家。
③譯註：François Boucher，一七〇三—一七七〇年，法國畫家，洛可可風格的代表人物。
④譯註：Denis Diderot，一七一三—一七八四年，法國啟蒙思想家、唯物主義哲學家、文學家、美學家和翻譯家，百科全書派的代表。

CHAPTER 3

為女性打頭陣的女性

曾有個記者問瑪麗．居禮：「跟天才結婚是什麼感覺？」她回答：「這你得問我先生！」

本章開篇的這段對話相當有名，在許多書籍和網站都看得到，不論主題是科普、女性主義、個人成長，甚至是商管。然而這段對話雖然有趣（或是現在行銷書或名言時會說的「很勵志」），實則純屬虛構（比較專業的說法是「偽典」），此外這也不符合居禮夫人的個性，她更不是憑這股霸氣兩度獲得諾貝爾獎的。

所以說，在討論圍繞著居禮夫人創造的迷思之前，我們先來回顧她生涯的一些真實事蹟。一八六七年，瑪麗．居禮生於華沙，本名是瑪麗亞．斯郭多夫斯卡（Maria Skłodowska）。她在一八九一年前往巴黎，曾寄宿姊夫家一段時間，後來才租了自己的公寓，在大學攻讀物理（當時幾百名學生裡的女性只有寥寥幾位）。她在一八九三年首先取得物理學學士學位，隔年又取得數學學士學位。她在一間實驗室工作時認識了皮耶・居禮（Pierre Curie），兩人後來合作研究，並於一八九五年結為連理。一八九六年，她首次獲得數學講師資格。隔年，他們的長女伊雷娜出世（也就是伊雷娜・約里奧—居里〔Irène Joliot-Curie〕，於一九三五年獲得諾貝爾化學獎）。

這段時期，科學家剛發現兩種放射線：威廉・倫琴（Wilhelm Röntgen）發現了X光，亨利・貝克勒（Henri Becquerel）發現了鈾射線。瑪麗以後者為博士論文主題，在一九〇三年論文答辯時發表驚人的成果：她發現了兩種新的化學元素，釙（polonium，以她的祖國波蘭命名）和鐳（radium），也發現了元素的「放射性」，並將放射性單位命名為「居禮」。在攻讀博士期間，她三度獲得法國科學院頒獎肯定。至於皮耶，在放射性被發現之後，他決定放下自己的研究主題，協助太太工作。

一九〇三年十二月十日，諾貝爾物理獎同時頒發給居禮夫婦，以及另一名得主貝克勒，以表揚他們傑出的放射性研究（之後會看到，內情沒有我們想像得那麼單純）。瑪麗也成為史上第一位獲得諾貝爾獎的女性。

一九〇四年，在次女艾芙（Ève）出生的兩個月前，巴黎大學新成立一個物理學講座，並聘請皮耶為正式教授，瑪麗則獲聘為講座附設實驗室的主研究員。

然而到了一九〇六年，悲劇發生了：皮耶不幸被馬車撞死，這對瑪麗造成長遠的影響。巴黎大學改將瑪麗亡夫的職位授予她，而她在一九〇六年十一月五日首度登台授課，成為巴黎索邦大學第一位女教授。一九〇八年，她成為該講座的正式教授。一九一一年她二度榮獲諾貝爾獎，這一回是化學獎，肯定她對釙和鐳的發現和研究（之後又會看到，內情同樣錯綜複雜。）

居禮夫人是史上第一個拿了兩次諾貝爾獎的人，此後只有四人達到相同成就：萊納斯・鮑林（Linus Pauling，一九五四年化學獎、一九六二年和平獎），約翰・巴丁（John Bardeen，一九五六年與一九七二年物理獎），弗雷德里克・桑格（Frederick Sanger，一九五八年與一九八〇年化學獎），以及卡爾・巴里・沙普利斯（K. Barry Sharpless，二〇〇一年與二〇二二年化學獎）。

後來居禮夫人創立並主持鐳研究所，在第一次大戰期間發起綽號「小居禮」的放射機救護車，更訓練許多年輕女性成為助理放射師。她本人也親赴前線，在女兒伊雷娜協助下為傷兵照放射影像。

一九二一年，一名美國女記者邀請居禮夫人到美國巡迴演講，為鐳研究所募款（後面會講到這趟美國行帶來的後果）。此時已無疑是名人的她，參與國際聯盟（聯合國前身）旗下的國際知識合作委員會（後來的聯合國教科文組織），與愛因斯坦等學者合作，負責協調國際科學研究與交流。一九二四年，因為長年接觸放射線導致的白血病，居里夫人與世長辭。

成為迷思的瑪麗．居禮

以上就是我們的主角、科學史上一大神人的生涯史實。舉凡物理、化學、醫學、原子彈……，她的研究發現對許多領域都造成關鍵影響。

今天說到瑪麗．居禮，我們會想到她是科學史上最偉大的女性，為其他女性在科學界打頭陣，激勵無數的女孩子投身研究工作。歐盟就在一九九四年開辦以她命名的科研獎助方案：瑪麗．居禮人才培育計畫（Actions Marie Skłodowska-Curie）[1]，且持續至今，是歐洲政壇在學界的重要工具。在歐盟執行委員會網站介紹這個計畫的頁面中，最後幾段話出自英國劍橋大學科學史家派翠西亞・法拉（Patricia Fara）。她的專長之一是女性科學家的歷史，而她就提到瑪麗對她的個人生涯來說有多重要：

她在身後留下深遠的影響，吸引後代無數女性投入科學研究。小時候在學校，她就是我崇拜不已的偶像。[2]

要向女孩子證明科學不是男生的專利，瑪麗確實是最高典範。她也象徵了科學之門為女性敞開，並證明女性就能成為大科學家，不只是擔任大科學家的助理而已。居禮夫人因此成為女性主義象徵，不只因為她代表女性打入科學界，更廣泛而言，也代表女性進入職場。我們有時會說她是「行動派女性主義者」，這也幾乎成了一則迷思。若說愛因斯坦（第八章會提到）是男學者的代表，瑪麗就是女學者的代表了。二〇一一年是她拿到第二座諾貝爾獎的一百周年，聯合國大會就宣布那一年是「瑪麗・居禮年」。

她成了許多漫畫[3]和傳記的主角，有些不單純是傳記，更具備濃厚的勵志書意味[4]。還有同樣激勵人心的青少年小說[5]、成人小說[6]，就連電影[7]都有。

這些作品把居禮夫人刻畫成一個現代女性：性情堅強，在戰時勇赴前線，還是個科學天才。她的私生活也很現代：她很早就因喪夫成為單親媽媽，與已婚物理學家保羅．朗之萬（Paul Langevin）的戀情更顯示她思想開放。她是全方位發展又超前時代的女性，當時有些人可能已經這麼看她了。例如下面這段話出自一九一〇年《當代男性》週刊（*Les Hommes du jour*）的一篇文章。在那一期，他們以法國人時稱的「皮耶．居禮夫人」作為封面人物（是的！）。文章作者如此結尾：

要說我為何推舉居禮夫人為封面人物，這位好太太、好媽媽和傑出的學者，理由是她彷彿是明日的女性，讓我聯想到皮維．德．夏凡納（Puvis de

Chavannes）壁畫中巨大的人物，莊嚴而近乎抽象，又不失女性特質，在明亮而寧靜的背景裝飾中，成為科學和藝術的化身。[8]

差點落空的諾貝爾獎

然而，這篇文章並未反映當時最普遍的觀點。世人還是先看到她是個女人，所以充其量只是她先生的助理。

時間拉回一九〇三年，居禮夫人榮獲第一座諾貝爾獎那一年。一切始於一月二十七日，位於斯德哥爾摩的諾貝爾物理學委員會一如往常，收到法國官方來信[9]推薦人選，而得主將於十一月公布。雖然連署人的姓名清楚可辨（全都是法國科學院院士[10]），這封手寫信函由誰執筆卻難以確認。從筆跡看來，可能是亨利・龐加萊（Henri Poincaré）[11]。不論作者是誰，他推薦的人選有兩位：貝克勒和皮耶．居禮。所以，法國官方單位並未舉薦瑪麗為諾獎候選人。很難說這是出於什麼理由。我們當然能認為這單純是厭女情結作祟（聯署人全為男性，而龐加萊要真是作者，那就不能不提，他的兒子跟他都是巴黎工科綜合學校的高材生，他的幾個女兒卻沒接受教育）。我們也能說，這是因為當時瑪麗還沒通過博士論文答辯（她在同年六月才進行答辯）。又或者，龐加萊跟貝克勒交情深厚，所以不願看到朋友被一對夫婦聯手「比下去」。

無論如何，皮耶馬上寫信給龐加萊（令人不禁認為推薦信就是龐加萊寫的），要求把瑪麗也列入推薦名單：

獲推薦一事令我深感榮幸，但在此仍要表達個人與居里夫人分享這份榮耀的強烈希望，請科學院將我們視為一體，正如我們的研究工作也是如此進行。

居里夫人研究了鈾鹽、釷鹽及其他放射性礦物的放射性質。她是那個大膽著手研究新元素化學的人。她做了所有必要的分餾工作提取出鐳，確認該金屬的原子量，並投身研究放射線，發現了人工放射性。有鑑於此，我認為若不將我們視為一體，可謂宣告她只是助手，然而這並不符實情[12]。

雖然如此，龐加萊置之不理。幾個月後，諾貝爾委員會的委員之一、數學家約斯塔．米塔—列夫勒（Magnus Gösta Mittag-Leffler）與皮耶商談，因為皮耶接著寫信給他，內容與寄給龐加萊的很類似，籲請將瑪麗列為候選人。米塔—列夫勒勸龐加萊改變心意無果，於是決定暗中操作。在委員會投票決定得主的前一天晚上，他特意請好友克努特．埃斯特朗（Knut Ångström）①在瑞典學院發表演講，主題就是鐳，並特別強調瑪麗的貢獻。隔天，諾貝爾獎頒給了居禮夫婦和貝克勒。值得注意的是，這次的獎金由居禮夫婦和貝克勒雙方平分，居禮夫婦只算作一人，然而獎金通常是照得獎人數平均分給每一位。不過這還是極具象徵意義，也總比沒有好：瑪麗成為史上第一位諾貝爾獎女性得主。

雖然如此，當時的輿論還是只把她當成學者的太太，不像我們今天視她為令人景仰的科學家。從節錄自《小巴黎人》（*Le Petit Parisien*）週報的這段文字就看得出來，寫於諾貝爾獎公布一個月後：

她是先生盡心盡力的友伴，她的名字連上了他們大部分的研究發現，日日都在他的實驗室與他並肩工作。[13]

這裡要強調，那整篇文章，還有以居禮夫婦為主題的插畫頭版頭條，絕不是刻意針對瑪麗厭女或帶有惡意。作者只是無法想像她是「真正的」學者，只

① 譯註：一八五七—一九一〇，瑞典物理學家。

能把她想成一個友伴。這就是隱性厭女，表面看似好意，實則很傷人。例如時隔一百年後的二〇一九年，艾絲特．杜芙若（Esther Duflo）和阿比吉特．班納吉（Abhijit Banerjee）獲頒諾貝爾經濟學獎，許多國際媒體的標題都寫：「阿比吉特．班納吉教授與妻子榮獲諾貝爾獎」[14]。在瑪麗之後一百年，我們還是很難想像一個女人可以不是「某某人的太太」（見第十一章的沙特萊）。

順道一提，一九〇六年，瑪麗重啟了甫過世的先生負責教學的課程，世人這才發現了這個活在陰影中的女人，而她只配當亡夫的傳話筒：

我們想看到第一位躋身高等教師的女性；我們想看到皮耶．居禮的寡婦，這位科學名家的心腹謀士，從沉默的活動中走出來，把死亡從丈夫口中硬生生打斷的話說完，延續他消失的人格。然而在此不諱言，我們特別感到好奇的或許是，這位寡婦以怎樣的姿態服喪……。

透過這高貴而不張揚的舉動，她就像歷史上投身戰役的巾幗英雄，取代已逝伴侶在戰場上的位置，彷彿他雖死仍奮戰不懈，一切繼續如常。[15]

皮耶透過瑪麗發言，瑪麗只不過是個傳話筒、忠實的信使。這簡直在說她並不獨立存在，也不可能是真正的科學家。在當時的世人眼中，她的諾貝爾獎毫無價值。

差點放棄的諾貝爾獎

一九一一年，瑪麗拿到第二座諾貝爾獎，而且是由她一人獨得。不過這次的問題不在幕後而是眾人面前，對她的打擊更嚴重得多了。

當時瑪麗是法國科學院院士候選人，有些人樂觀其成，但更多人不以為然。

光是看一個女人可能當選院士，很多人已經忿忿不平，即使他們很難解釋為何她已經是其他國家的科學院院士。自家人往往不懂得珍惜自家人的好，遑論是對外國人。排外主義的質疑緊接著爆發。

原來，瑪麗在一九〇六年成為寡婦，幾年後，她與已婚的物理學家朗之萬相戀。當時德雷福斯事件②剛在幾年前落幕，波蘭籍的瑪麗成了新的目標。這段戀情很快成為好事者口中的「朗之萬事件」。一九一一年十一月初，多名記者揭發這段婚外情，然而他們沒有責備已婚男士背叛妻子，而是指控寡婦「瓜分朗之萬先生的婚姻責任」[16]。有人因此聚眾到她家門外抗議，怒吼：「外國的賤女人，偷別人的丈夫！」[17]極右派報紙見獵心喜，刊登了（據稱是？）她的幾名情夫寫的信，並對瑪麗極盡誣衊之能事。

同一時間，她在十一月八日接到諾貝爾獎提名通知，然而這起緋聞實在鬧得太兇，到了十二月一日，諾貝爾獎委員斯萬特・阿瑞尼斯（Svante Arrhenius）雖然支持她的提名，但還是寫了封信給她，請她鑑於事態不要出席領獎。瑪麗沒有聽從，在十二月十一日親赴頒獎典禮發表演說。這一次，她似乎罕見地放下謙遜的本性，明確主張自己是與皮耶共同研究的主要推手。我們可以特別注意她怎麼用「我」這個字，此外在一九〇三年，他們的得獎演說是由皮耶一個人發表的：

這個物質（鐳）被發現與分離的歷史，為我早先所做的假設提供了支持證據……。[18]

② 譯註：一八九四年，猶太裔法國軍官阿弗列・德雷福斯（Alfred Dreyfus）被冤判叛國重罪，當時法國社會反猶氛圍濃厚，此案引爆嚴重的衝突和爭論，激起後續的重大社會改革。

然而，因為一九〇三年獲獎的來龍去脈（她無疑知道內情），一九一一年又被要求不要出席領獎，從此她再也不回應諾貝爾委員會的任何邀請（雖然她身為得獎人有義務配合[19]）。諾貝爾獎委員會和法國科學院雖然頒獎給她，卻不真心肯定她，她就這麼徹底與那個圈子斷絕關係。

美國行的負面效應

一九二一年，瑪麗受極具影響力的美國記者瑪莉・麥廷利・梅隆尼（Marie Mattingly Meloney）邀請，前往美國巡迴演講，為鐳研究所籌措經費。從財務和個人角度看來，這趟美國行十分成功。出人意料且矛盾的問題在於，瑪麗訪美對美國女科學家所造成的影響。

首先，不同於傳說告訴我們的，瑪麗並不是科學界的第一位女先鋒。女性早已參與科學研究數百年，在當時的美國也相對眾多，很多國家就都接受女性成為科學院院士。說瑪麗首開先例，不只是否認當時與早先女科學家的存在，從而傷害她們，也是倒因為果：瑪麗其實是這個現象（女性大量進入科學界）的受惠者，而非成因。這麼說不是要減損瑪麗的地位，而是想提醒大家注意，在她之前那些成就斐然、為數眾多的女科學家。例如在瑪麗之前，十九世紀的英語系世界就有蘇格蘭的瑪麗・薩默維爾（Mary Somerville），馳名國際的數學家和天文學家。

此外，我們往往認為女性因為第一次世界大戰得以開始工作，也一再如此傳講，但這絕對是錯誤說法。自古以來，女農和女工就一直在勞動，只有中產階級和貴族女性（只佔過去人口的少數）不工作。就算很多女性確實在一戰時期開始工作，也不能否認女性的工作一直都存在[20]。

然而，男性科學家以出人意料的方式，拿瑪麗的美國行來打壓女性科學家。今天我們認為瑪麗證明女性能與男性比肩，所以應該為她們廣開職涯大門，不過在當時，招聘人員（在科研界，守門人都由男性坐鎮）卻拿出一套截然不同的說法。美國大專院校的系所教授和主任認為，既然女性能夠達到跟瑪麗一樣的成就，那麼所有申請教職的女性都應該像她那麼傑出。後果是，一名女性申請者就因為沒拿過兩次諾貝爾獎而被刷掉[21]。

在稍早的一八七〇年代，據說美國天文學家瑪莉亞．米切爾（Maria Mitchell）就曾表示，女天文學家要是不像薩默維爾那麼優秀，就不該獲聘。所以說，知名的女科學家被拿來阻撓其他女性，這也不是第一次了。但這一回，美國人口中的「居禮夫人」光環如此耀眼，導致的後果也可謂更為慘重。與其說她為女性「首開先例」，不如說是「提高門檻」[22]。

一九二〇到一九四〇年之間，許多女學者突然發生了今天稱為「過勞」的現象，原因是她們所承受的無情壓力。瑪麗不只是女性的楷模，彷彿也成了使人備感氣餒和壓迫的代表[23]。即使她立意良善，因為現實中男性的反撲，加上當時正在成形的迷思帶來的後座力，所謂的「居禮效應」還是不幸產生了[24]。

瑪麗．居禮的迷思

圍繞著瑪麗生成的迷思大致有兩則。第一則與她在一戰時投入醫療和人道任務有關。因為她發起的小型救護車能為傷患照射放射影像，在民眾心目中，她彷彿成了閒來研究一點科學的護士，目的也不是為了推動科學進展，而是拯救生命。歐盟的瑪麗．居禮人才培育計畫官網，一開頭就這麼介紹他們的守護人物：

瑪麗亞・斯郭多夫斯卡・居禮為我們做了什麼？一百年前，在第一次世界大戰期間，她運用自己的科學知識組織放射線救護車隊，將移動式放射設備載運到前線，服務傷兵[25]。

瑪麗巡迴美國時，梅隆尼正是這麼介紹她的。這是為了賦予瑪麗女性關懷色彩，喚起民眾的同理，避免引發女學者與男人爭地盤的反感（科學理當是男子漢的事）。

這是在把瑪麗的工作和身後之名去科學化：從知識和純理論這些「最高貴」的領域拉出來，放到一個比較女性化（拯救生命）、比較實用（護理工作）、比較沒學問（不提她拿了兩次諾貝爾獎，而是組織救護車隊）的活動中。在第六章會透過希帕提亞（Hypatia）看到，這是一種相當典型的手法：用新的詮釋貶低女性科學家的工作。

第二則迷思，就是把瑪麗奉為首開先例的模範女科學家。之前已經看到，那個年代的實際情況其實遠更為複雜，這種正面形象也是在她死後才浮現的，這得特別歸功於她的女兒艾芙寫的暢銷書——一九三八年出版的《居禮夫人》（*Madame Curie*）。這本書譯成多種語言，美國導演茂文．李洛埃（Mervyn LeRoy）在一九四三年就以它為藍本拍攝了全球首部居禮夫人電影。那時居禮夫人的緋聞已（大抵）被世人遺忘，而且在一九三五年，她的長女伊雷娜又以放射性研究拿下諾貝爾化學獎，不只弭平過去的爭議，居禮家的研究王朝也就此屹立不搖。

這則迷思可以討論的點有很多。首先，它意圖教人遺忘瑪麗遭受過的殘酷攻訐，可謂十分虛偽。後果是，世人以為女科學家在職業生涯中，不會因為她們的性別受到特定阻礙。瑪麗拿了兩次諾貝爾獎，不就證明科學界並沒有對女性關上大門？這是藉由重寫歷史，掩飾她那兩次得獎其實都一再遭人暗中阻撓，今天由女性發出的指責也一概失去可信度：女科學家怎能抱怨別人因為她的性別虧待她？瑪麗不就那麼成功？這可謂是男性在重新包裝「居禮效應」來打壓女科學家。

瑪麗．居禮的迷思變得如此強大，也帶來另一重負面效應：隨便請人舉個女科學家的例子，大家一定都會說她（當然是實至名歸）。要是請人再舉第二個例子，大家可能會說伊雷娜．約里奧—居里，儘管除了她是瑪麗的女兒，我們對她就一無所知。再舉第三個呢？這時候我們通常就答不出來了。瑪麗這個人似乎抹滅了其他女學者的存在。在男性當中卻不是如此，愛因斯坦的迷思，並沒有教人說不出一大串別的男學者。這當然不是瑪麗本身的錯，也不是其他女學者不夠好，而是像前面所提到的，她的形象被以種種方式拿來打壓女性。這是女性出人頭地造成的矛盾效應，使人遺忘了她們要面對的障礙，從而又造成對女性的壓迫。

然而在今天，幸虧女科學家的人數有增無減，過去二十多年來，瑪麗．居禮的迷思似乎終於成了真正的好事，女孩們也確實從她身上得到激勵，並心生抱負。比起瑪麗那個時代的人對她的觀感，她的傳奇到了今天竟然變得比較接近史實。同樣的，藉由隱瞞真相不提，並把她塑造成不在乎他人觀感的開放女性（尤其是朗之萬事件，然而實情並非如此），我們總算洗刷了世人對瑪麗的非難、對她能力的種種質疑，以及對她形象的濫用。我們找回了她真正的本質：不論性別，也不分時代，瑪麗．居禮都是全世界數一數二的偉大學者。

CHAPTER 4

人類恩主的小實驗

巴斯德結合了充滿創意的想像和最嚴謹的實驗方法，科學界從未停止……推崇他的才華。……隨著工作進展，他生出對人類痛苦的關懷，終身心繫於此，致力開發緩解之道。……他奉獻一生於最純粹的理想，一個結合科學、美德和慈善的高尚理念。……歷史必將他列入真與善的使徒那榮耀的行列。[1]

——雷蒙・彭加勒（Raymond Poincaré）

說到路易・巴斯德（Louis Pasteur），我們總會想到一項科學發現和一起知名事件，然而這起事件在很多方面都充滿迷思：一八八五年，巴斯德為一個感染狂犬病的小男孩施打疫苗，將男孩奇蹟般治癒。那個男孩名叫約瑟夫・邁斯特（Joseph Meister），從此與他的救星一同名留青史。這是現代醫學的開端，許多重大流行病從此逐漸絕跡。多虧了巴斯德，全人類得以擺脫疫病的威脅，其中許多已成為歷史名詞，例如狂犬病、霍亂和炭疽病。這是一般人記得與傳誦的主流版本。

十年後，彭加勒（後來在一戰期間當選法國總統）在巴斯德的葬禮致詞，比起我們模糊的記憶，他確實把巴斯德的科學貢獻說得更為詳盡，也已經能看出現代人對巴斯德的基本印象：嚴謹的科學家、為解除人類苦難致力追求真相、憑一己之力革新醫學的奇才。

這個現代英雄的形象也在詩人蘇利．普魯東（Sully Prudhomme）筆下浮現，他是一九〇一年第一屆諾貝爾文學獎的得主，那知名的第一針疫苗一打下去，他馬上寫了首詩獻給巴斯德。這裡是其中兩節：

這病是隱密難解的敵人，
頑強的威力遍地肆虐，
那劇毒帶來嚴酷而漫長的折磨。
然而你的火炬將它逼入羅網；

你高超靈活的才智，啊，學識淵博的恩主，
這肉眼不可見的九頭蛇，和新一代的海克力斯！[2]

除了把巴斯德比做希臘神話英雄海克力斯，這首詩最引人注意的無疑是「恩主」（bienfaiteur）一詞，這個強烈的字眼只在古典時期用於稱呼幾位君王[3]，讓人覺得那好像是個罕見、權威、幾近先知的人物，一個為人處事的絕對典範。

法國政府收藏歷史文獻的官方網頁上，有個專欄的主題是「回顧塑造我國的歷史大事件」，其中一段這麼說：

他無私的學者風範，使他堪當「人類恩主」的頭銜。在他發現狂犬病疫苗後，一八八八年十一月，以他命名的血清和疫苗生產研究所成立了。[4]

在醫學和生物學史上，巴斯德無疑是一大要角，不只因為他對狂犬病的研究，也因為他發明了巴氏殺菌法，提出分子不對稱性理論，破解自然發生說[①]的迷思。他還做了許多傑出的研究，使微生物學和免疫學進入現代科學的行列。不過這裡把重點放在他研發狂犬病疫苗的事蹟，因為他的傳奇地位正由此奠定。這則故事不只在事後被改寫重述，成為遠離事實的迷思，也充斥著將他推向成功的謊言。

為炭疽病賭一把

在狂犬病之前，巴斯德研究過許多主題：微生物、酒精發酵、家蠶病變、雞霍亂、豬丹毒，以及炭疽病。這裡只針對炭疽病討論，因為我們的目的不是回顧他的研究生涯，而是凸顯在科學史上，謊言的運用有什麼耐人尋味之處。

炭疽病由炭疽桿菌引發，這種疾病很可能自古典時代就在家畜間流行（但極少感染人類）。一八八一年二月底，巴斯德相信他研發出了炭疽病疫苗，於是寫信給法國科學院：

> 我們以弱化的炭疽微生物製成對抗炭疽病的疫苗，也就是一種會引發較無害疾病的病毒。事情自此再簡單不過：利用這些處理過的病毒感染綿羊、牛、馬，使牠們因炭疽病發燒，但不致死，最終能防止牠們死於這種致命疾病。[5]

兩個月後，巴斯德應默倫（Melun）農業協會邀請，進行一場大規模接種

① 譯註：主張生物體會從無機物中自然產生的理論。巴斯德以實驗證明煮沸的肉湯不會增長細菌，從而否定了這個理論。

實驗：該協會提供六十隻綿羊和十隻家牛，讓巴斯德證明他的療法的效力。這對巴斯德來說是一大賭注，實驗要是成功，將造成史無前例的轟動，能一舉使他在科學界的反對者全部閉嘴，並贏得輿論的肯定。反之要是失敗，他的名聲將毀於一旦，因為這不只是在實驗室裡失手，而是公開出醜。的確，農民、獸醫、醫師和記者（連《泰晤士報》都來了）群起湧入實驗進行的村莊普依勒福特（Pouilly-le-Fort）。

這個實驗令巴斯德的合作夥伴驚恐萬分，因為他們要遵循嚴格的操作方法[6]，而且毫無出錯的餘地。巴斯德本人卻興奮不已：

科學院要了解，要是沒有從早先的實驗得到堅實的支持證據，我絕不會撰寫這樣的計畫，即使那些實驗的規模全不及接下來這一次。此外，機遇是留給準備好的人，我也因此認為，我們得聽從詩人啟發的諺語：幸運之神眷顧勇者

（Audentes fortuna juvat）。[7]

五月五日，他們為一半的動物，也就是二十四隻綿羊、一隻山羊[8]和六頭牛施打第一劑疫苗，接種毒性極低的弱化菌株，又在十七日施打第二劑毒性較強的菌株。五月三十一日，不分是否接種過疫苗，所有實驗動物均施打毒性極強的菌株（也就是真正的炭疽桿菌），以觀察接種過疫苗的動物是否能存活。

接著就出問題了：六月一日，巴斯德接獲消息：有些接種過疫苗的綿羊發病了。夏爾．尼科勒（Charles Nicolle，後來獲得諾貝爾醫學獎）如此描述巴斯德的反應：[9]

他的腦海隱約浮現失敗的場面，交雜著這會為他的思想、實驗室和他自己帶來的後果。是什麼導致了這場災難？他堅定的信心不容他懷疑自己的實驗方法，所以一定是同事的錯。當時在場的魯（Roux）[2]成了出氣筒。巴斯德暴跳如雷。巴斯德太太一邊極力安撫丈夫，一邊得迴避受害者的反應。她在無能為力之下，只能提醒他們注意時間。隔天一大早就得回到實驗場地，他們非得休息不可。巴斯德氣得跳腳，堅決不去，他怎能讓自己置身窘境，當眾受辱。更何況魯才是始作俑者，應該讓他自己去承受恥辱。

第二天，巴斯德夫婦和魯搭上火車。在車站迎接他們的場面一掃前晚的陰霾。狂熱的群眾為了實驗結果向他們鼓掌叫好：對照組的綿羊全數死亡或垂死，接種組則全數存活。在被民眾包圍的車廂中，巴斯德挺直站起身來。他向過去質疑他的人、他的朋友和所有人發表演說，既陶醉又得意地大喊：「看吧！你們這些沒信心的人！」[10]

巴斯德（在自信爆棚之前）會這麼害怕，是因為他之前從沒用牛做過實驗[11]。

他是在一無所知的情況下接下這個實驗挑戰的！更糟的是，他也從沒用綿羊做過實驗，而且根據之前在實驗室外做的一些測試，他的操作方法在實際上並不可行[12]，得到的結果也很不一致[13]。這也是為何巴斯德接下這次挑戰，會害他的兩名「助理」驚恐不已（其實是兩位傑出的學者：艾彌爾・魯〔Emile Roux〕和夏爾・尚柏朗〔Charles Chamberland〕）。

幸好魯和尚柏朗不顧巴斯德反對，堅持使用一項技術：用少量的重鉻酸鉀處理炭疽桿菌，使它變得幾乎毫無毒性[14]但仍保持活性，所以動物能獲得抵抗力，又不會染病。這額外的步驟成了這次試驗成功的關鍵。然而，巴斯德讓外界以為他的「正式」操作程序完美無缺，直到一八八三年才公開完整的實驗方法。

② 譯註：巴斯德的學生與本次實驗的助手。

全世界第一支（頭幾支）狂犬病疫苗

巴斯德根據他對炭疽病的研究，開始研發狂犬病疫苗。一八八五年十月二十六日星期一，他口頭發表了《咬傷後狂犬病感染預防法則》（*Méthode pour prévenir la rage après morsure*）[15]，並宣稱他治癒了小邁斯特。不同於我們常有的想像，巴斯德並沒有當著科學院院士的面為那個孩子接種疫苗，彷彿把整個職業生涯押在一針上。自從在普依勒福特一鳴驚人之後，他一點也不想再走一次鋼索。

事實上，如同巴斯德自己的解釋，邁斯特是在七月四日被咬傷的，也就是巴斯德發表結果的將近四個月前。這位大學者把消息瞞得滴水不漏，花好幾個月慢慢治療，以防萬一病患挺不過療程。可別忘了，巴斯德是用接種感染的方式，讓免疫系統獲得抵抗力。此外，巴斯德不只為小男孩接種以弱化病毒製成的疫苗，也施打毒性極強的未弱化病毒（真正的狂犬病），以確定免疫系統能打敗「純病毒」。這就像巴斯德在普依勒福特對待綿羊跟牛的方式，目的是證明只有接種過的動物能存活。巴斯德自豪地宣布：

所以約瑟夫・邁斯特不只從咬傷本來可能造成的狂犬病存活，也從為了控制他從治療獲得的免疫力而注射的病毒存活，其毒性比野狗身上的病毒更強。[16]

所以說，這孩子不只挺過了野狗可能傳染的狂犬病，更挺過了巴斯德為了確認疫苗效力而注射的病毒。在我們的年代，如此危險又有倫理爭議的作法是絕對禁止的。

這裡有兩點值得注意。首先，巴斯德十分大膽，甚至太大膽了，不確定這孩子是否染病，就拿人家的性命冒險（從巴斯德說「本來可能」可以見得）。

其實，被瘋狗咬傷而罹患狂犬病的平均機率是六分之一，而且會隨傷口的深度和位置而定。此外，咬傷邁斯特的狗被處死了，卻未經檢驗確認牠體內是否有狂犬病病毒，我們只是從牠凶狠的行為推論牠有病[17]。總之，我們無法證明小邁斯特感染了狂犬病。然而他要是確實染病，我們又任憑病情發展，他必死無疑。

其次，巴斯德是非常大膽，在公布與宣傳這次治療實驗時，倒也十分謹慎。在七月四日到十月二十六日間，他幾乎絕口不提，以免治療出了差錯。畢竟在普依勒福特就差點如此，何況之前在狂犬病疫苗研發過程中，已有過兩次差錯⋯⋯。

原來，邁斯特不是巴斯德第一個狂犬病病人！就我們所知，之前至少還有兩例病患：六十一歲的男性吉哈爾（Girard），以及十一歲的小女孩茱莉—安托妮．普洪（Julie-Antoinette Poughon）。這兩次人體試驗從未公開發表，只能從他的實驗室檔案找到些許紀錄[18]。吉哈爾似乎從接種治療存活，小女孩則在一八八五年六月二十三日過世——僅僅兩週後，就有人為了小邁斯特與巴斯德接洽！這下我們知道巴斯德為何如此謹慎，對前例刻意隱瞞了。

不過他還撒了一個更大的謊，時間是在隔年。一八八六年十月八日，十二歲的儒爾．胡耶（Jules Rouyer）被狗咬傷。他從十月二十日起接受巴斯德的「加強療法」，也就是注射比用在邁斯特身上更毒的病毒。為什麼呢？因為巴斯德在一段時間後注意到，最初的療法（邁斯特接受的那種）未必每次見效。於是他改用「加強版」，而且這成為他的常態療法。只不過，小胡耶在十一月二十四到二十五日的晚間發病，在二十六日過世。這帶來了兩個問題。第一：這孩子是死於狂犬病嗎？第二：果真如此，他是死於被狗傳染的狂犬病，還是疫苗裡的病毒？

一場調查如火如荼地展開。令人驚訝的是，科學界最重視的問題竟然是第一個。巴斯德的反對者希望這孩子死於狂犬病，如此一來便能推翻巴斯德的疫苗研究。然而，負責本案的法醫保羅．布霍岱（Paul Brouardel）是巴斯德的朋友。他切下胡耶的延髓，再由魯取出腦脊髓液注入兩隻兔子體內，結果牠們很快都死於狂犬病[19]。結論：胡耶確實染病。這下換巴斯德陣營大亂陣腳了。為巴斯德工作的外甥阿德里安．羅爾（Adrien Loir）回憶道：

布霍岱已經知道我反對對人體進行這套療程。他出於信任便問我，即使我不贊成，是否仍對療程有足夠的信心，會拿它來治療病人？在這件事情上，他相信我的意見。我的答案是肯定的。[20]

於是布霍岱說：

我要是不站在你們這一邊，科學發展將立即倒退五十年。得避免這事發生才行。[21]

事實上，當時已經有接種過狂犬病疫苗仍然發病的案例。畢竟人體試驗才剛起步，要求一切無可挑剔並不公平。科學研究需要時間，然而輿論的要求比較高，也期待立即的解決辦法。這起事件要是洩漏出去，反巴斯德陣營恐怕就要佔上風了。因為無從確認咬傷胡耶的狗有狂犬病，也不知道胡耶是否因傷染病，於是他們認為是疫苗害死了他。一八八七年一月，布霍岱前往法國醫學科學院，宣稱胡耶死於尿毒症，並刻意謊報其餘的部分：

今天是一八八七年一月九日，也就是注射後的四十二天，這兩隻兔子十分健康……。施打男孩腦脊髓液得到的陰性結果，排除了小胡耶死於狂犬病的假設。[22]

這則謊言奏效了：在巴斯德本人首肯下（胡耶過世時，他正在度假），魯和布霍岱做的偽證使得反對陣營失去信用。艾弗瑞．維爾皮安（Alfred Vulpian）是科學院和醫學科學院雙院士，也是巴斯德的支持者，在極度保密的情況下協助邁斯特的接種工作。他隨即出面指控反巴斯德陣營的領袖損害巴斯德的名譽，既不人道，又不愛國。

被遺忘的前人

在分析這些謊言及其創造的傳說之前，最後很快提一下，一般公認巴斯德是疫苗接種技術的發明人，但他其實是從既存的類似技術得到靈感（這是很尋常的事）。此外，那些直接啟發巴斯德的前輩，說是這項技術的發明人也不為過，然而他刻意不提，還企圖使人遺忘他們（這就比較不尋常了）。[23]

首先，用微弱的病毒感染人體以預防疾病，這個概念已存在多時。十六世紀的中國已經用這種方式預防天花，後來鄂圖曼帝國也開始採用，又在十八世紀由英國的瑪麗・沃特利・蒙塔古夫人（Lady Mary Wortley Montagu）引進歐洲。這方法向來極具爭議（如同在巴斯德的時代），例如伏爾泰就大力支持，達朗貝爾（d'Alembert）③卻激烈反對，因為健康的人自願接種天花病毒，還是有致死風險[24]。到了一七九六年，英國醫師愛德華・詹納（Edward Jenner）以前人的方法為基礎，發明了現代稱為疫苗的技術，用於對抗天花。巴斯德對這一切自然毫無隱瞞，世人也都知道其中的科學演變關係。

就算只看炭疽病，巴斯德也不是第一個研發出疫苗的人。一八八〇年，也就是比巴斯德早一年，土魯斯獸醫學院的亨利・杜桑（Henry Toussaint）就發明了一支炭疽病疫苗[25]，成分是弱化病毒混和苯酚。如同魯和尚柏朗在普依勒福

③ 譯註：一七一七—一七八三年，法國物理學家、數學家、天文學家。

特使用的重鉻酸鉀，病毒能被苯酚去除毒性，但仍引發免疫反應。這也是義大利學者克勞迪歐・費米（Claudio Fermi）自一九〇八年起採用的作法，用來取代巴斯德的狂犬病疫苗，因為巴斯德的方法太危險，效力也差。後來費米的疫苗全面取而代之，巴斯德的疫苗只在法國繼續使用，最終也被徹底淘汰。

總之，在普依勒福特使用的疫苗實則是杜桑的發明，所以巴斯德不立刻揭露減毒劑的存在，這想必是原因之一。巴斯德顯然十分忌妒杜桑的成就，一邊使用杜桑的方法，一邊又想方設法打壓人家。[26]

至於狂犬病，早在一八七九年八月，里昂獸醫學院的教授皮耶・高堤埃（Pierre Galtier）[27]就發表了研究成果，也向科學院報告過。他特別寫到，從病毒進入人體到病情無可挽回之間，狂犬病是有可能治療的[28]，而這正是後來巴斯德做的事。高堤埃甚至在一八八一年八月、小邁斯特案例的四年前就報告過，他為綿羊接種狂犬病疫苗，並且成功抗疫！

一九〇八年，高堤埃獲諾貝爾獎的呼聲極高，卻在委員會投票前幾天過世。因為諾貝爾獎只頒給在世的學者，所以那一屆由保羅・埃爾利希（Paul Ehrlich）和伊利亞・梅契尼可夫（Ilya Ilitch Metchnikov）獲獎，表揚他們的免疫研究，而梅契尼可夫正是巴斯德的學生。高堤埃就這麼徹底被世人遺忘，巴斯德的名聲卻沒有被他掩蓋半分。

然而，高堤埃還發明了一種技術，我們通常也以為是巴斯德的功勞：牛奶的低溫殺菌法。這其實是高堤埃在他撰寫的《傳染病及家畜衛生管理專論》（*Traité des maladies contagieuses et de la police sanitaire des animaux domestiques*）率先提倡的[29]，發表於一八八〇年。順道一提，世人出於錦上添花的習性，說這是「巴氏殺菌法」，而巴斯德從未表示有何不妥。[30]

迷思與謊言

首先，關於普依勒福特和胡耶的謊言讓我們看到，科學的進步未必是遵循「科學方法」的結果，也就是絕對嚴謹、誠實思辨、精準調校的操作程序等等。法國科學院內部關於狂犬病疫苗的激辯，尤其是針對胡耶一例，以及維爾皮安的嚴詞抨擊，在在顯示科學辯論的概念如何遭到踐踏。指控巴斯德的反對者既不人道又不愛國，這些說法都無關科學。別忘了，科學的基礎是針對正反論述討論、辯論與反對的空間，並以理性方式建構這些論述。我們在這裡看到的卻是不理性的權謀，因為這是基於謊言和無關科學的立場：為了法國，我們得挺巴斯德。從科學角度看來，這顯然毫無道理。

然而在一個科學為國族主義服務的世界裡，這並不罕見。在一八八五年，這樣的國族主義顯然十分強烈，因為法國在一八七〇年敗於普魯士王國，舉國記憶猶新（順道一提，小邁斯特是阿爾薩斯人，法國就在普法戰爭中輸掉了阿爾薩斯地區）。一個士兵的個人對錯並不重要，最重要的是他得為他的陣營獲勝。同樣的道理，巴斯德也是為國爭光的工具，所以我們即使知道某項科學事證有瑕疵，還是要力挺，因為這攸關比科學更重大的利益。

此外，這套科學行銷也得益於巴斯德本人的說故事技巧：他在科學院公開邁斯特的案例時，不忘提及他正在治療的另一名病患，後來也成為第一個被公開治癒的案例（並且在媒體高度曝光）：

我在上週二收治了一個孩子，他義勇的行為，諸位院士聽了可能很難不為之動容。這名十五歲的牧羊少年名叫尚—巴提斯特・朱彼勒（Jean-Baptiste Jupille），來自維萊法萊（Villers-Farlay，位於侏羅省〔Jura〕）。事發當時，一隻形跡可疑的大狗突然撲向他一群朋友，那六個孩子年紀全比朱彼勒小，他見狀便拿著鞭子跳到那頭動物面前。那隻狗咬住朱彼勒的左手，他隨後把狗壓制在地，用另一隻手扳開狗嘴，也因此又被咬傷了幾處。接著他用鞭子的皮帶綁住狗嘴，拿自己的木屐打昏了牠。[31]

朱彼勒不單單是個病患，還是個英雄。所以說，治療英雄的人不就更偉大嗎？

更何況，選擇治療狂犬病不是等閒之事：這是相對罕見的疾病（當時法國每年只有三百多例）[32]，但人人聞之變色，因為傳染源是發瘋的動物（所以行為很嚇人），尤其是在村莊外圍出沒的狼，而且病人死前情狀可怖，有如惡魔附身。因此，狂犬病象徵了一個尚未完全都市化的法國，要是能戰勝狂犬病，也代表社會邁入現代化，城市居民不必再擔驚受怕（這種恐懼簡直還停留在中世紀）。維爾皮安也沒忘了立刻補充：

狂犬病這種可怕的疾病，之前一切治療的嘗試都宣告失敗，如今總算找到了療法！在這條道路上，巴斯德先生……是唯一的先驅。[33]

傳說就此問世，而且顯然只能聚焦於一位主角：諸如杜桑和高堤埃等人都得讓位給先知。這則傳說也有望促成一個極為正面的結果：憑巴斯德的個人形象，世界各國（全球媒體一定會加以報導）就可能贊助成立以他命名的研究所，微生物學和免疫學的研究資金也會隨著到位。總之，科學研究憑著瞞天大謊和舌燦蓮花獲得金援。這教了我們兩件事。

首先，很正面的啟發是，科學要懂得自我行銷。不只要透過科普知識引起一般民眾的興趣，也要把科學實踐的過程說得像故事一樣動聽，以挑起贊助人的關注。我們透過巴斯德的前例看到，這是當代科學的一項挑戰。

其次，比較尷尬的是，這一切（至少有部分）建立在謊言和倫理爭議之上。否則，光就早於普依勒福特和小邁斯特的研究結果看來，巴斯特繼續嘗試這類實驗並不理性[34]，魯和羅爾就不贊同。巴斯德受野心和狂熱驅使，但也在冒引火自焚的風險，最後他能全身而退，對他和科學來說都是萬幸。然而，如此盲目相信自己的好運，可能害他損失慘重，更賠上許多人的性命。

雖然如此，科學家還是不免出現這樣的行為，即使他們的研究結果一點也不扎實，這在新冠病毒大流行期間尤其明顯，一方面也是禁不起輿論鼓動的緣故。有時這麼做行得通，於是這些事件光榮載入科學史。有時這麼做行不通，這時我們會察覺，科學家的心思與一般的輿論差別不大，科學精神和近乎宗教的信心之間，常常只有一線之隔。

CHAPTER 5

是誰爬上了比薩斜塔？

關於現實世界，單憑理性推導出的結論是全然空洞的。伽利略（Galilée）正因為有此體認，又將其應用於科學界，而成為現代物理學之父——事實上，也就是現代自然科學之父。[1]

——愛因斯坦

這是一則廣為人知的軼事：伽利略爬到知名的比薩斜塔頂樓，把手臂伸出陽台，兩手各握著一個球，一重一輕。他準確地同時鬆開雙手，幾秒後，兩個球恰恰在同一時間落地。這個實驗證明物體墜落的速度與它的質量無關，從而證明我們的直覺是錯的。

就像愛因斯坦說的，實驗是科學的根本，沒有實驗，科學只是有點模糊的哲學猜想，我們想假裝證明了什麼道理都可以。反之，實在的事證讓科學進入了現代化時代。

對了，我們是從何得知比薩斜塔實驗的呢？答案是一位叫溫琴佐・維維亞尼（Vincenzo Viviani）的仁兄。他是伽利略的學生跟傳記作者，最為人知的是他發明的一個等腰三角形定理。維維亞尼是這麼寫的：

他有感於在這個時代，針對自然效應的研究，必須對物體運動本質有真正的了解……，他便致力思考這個問題。令所有哲學家深感不安的是，他藉由實驗和可靠的演示與推論，推翻了亞里斯多德關於物體運動的許多結論，而這些結論直到當時都被視為不證自明，毫無疑義。尤其是關於相同材質、不同重量的物體在移動時的速度……會以等速移動。他在比薩鐘樓重複做了多次實驗加以證明，大學的其他教授、哲學家和全體成員均參與其中。[2]

這裡有個小小的文化差異要澄清：大家慣稱的「比薩斜塔」（Torre Pendente di Pisa）其實是座鐘樓，與鄰近的比薩大教堂、洗禮堂和墓園形成所謂的「奇蹟廣場」（Piazza dei Miracoli）。

你要是讀過講牛頓的第一章，可能已經在想，當時傳記寫的內容恐怕都得打個問號。沒錯，維維亞尼是在一六五四年出版那本書的，也就是伽利略過世十二年後、那起事件發生的六十四年後。此外，他是那個年代唯一講到這個實驗的人：其他學生和評論家，就連伽利略本人都從沒提過。然而根據維維亞尼的說法，整個比薩大學都參與了那次實驗！

真正的比薩斜塔實驗

除了實驗本身，我們能確定的是，它的目的是證明亞里斯多德（以及認同他想法的人）是錯的。亞里斯多德確實認為物體墜落的速度直接取決於其質量：物體愈重，墜落速度愈快。所以一般認為這句話是亞里斯多德說的：「橡實比橡樹葉更快落地。」但從亞里斯多德的著作完全找不到這句引言（有點像從伽利略的著作也找不到比薩斜塔實驗）。然而我們得承認，亞里斯多德針對物體運動提出了許多想法，這句話是很能代表他的概念：物體愈重、墜落愈快[3]，因為重量賦予的力量，使它能更輕易劈開墜落時穿越的介質[4]（例如空氣或水）。此外，物體的形狀也會直接影響它的加速或減速。[5]

事實上，在我們生活的世界裡，空氣會造成磨擦力，從而在物體墜落時帶來阻力，就這點而言，亞里斯多德相當正確，他的說法很接近[6]古典物理學（牛頓的力學）。沒錯，橡樹葉因為重量輕加上形狀使然，墜落時會受空氣阻力而減速，橡實受到的影響就小得多。

但很顯然，樹葉和橡實的形狀跟重量差太多了，是有點偏離常態經驗的極端案例（所以亞里斯多德從沒說過這句話，他一定知道這能代表的例子有限。

亞里斯多德太聰明，不會這麼輕易挖坑給自己跳）。該做的實驗是像維維亞尼說的，從高處讓兩個形狀相同、重量不同的物體掉落。在伽利略之前，已經有多位科學家做過這類實驗，但只有一位描述了在比薩斜塔頂樓做實驗的經過：喬吉歐．柯雷西奧（Giorgio Coresio），比薩大學的一位希臘教授。一六一二年，也就是維維亞尼寫下那段文字的四十年前，有位科學家做了實驗，從自家窗戶放手讓不同重量的物體墜落，而柯雷西奧認為那樣的高度不夠，得不到有意義的結論：

> 但我們從比薩大教堂的鐘樓頂端做了（實驗）……，亞里斯多德的說法也因此得證……根據亞里斯多德，兩個相同材質的物體，重者比輕者移動得更快；物體愈重，速度愈快。[7]

簡而言之，這個比薩斜塔實驗證明伽利略錯了！這感覺很荒謬，因為我們太想相信伽利略（在我們想像中）的實驗成功了，結果卻行不通。更精確來說，這個實驗要成功，得多用點巧思，使用的物體要夠重，形狀也要得宜，使空氣和風幾乎不會影響墜落。我們要是隨便拿兩樣東西（例如一本書跟一個保齡球），就會證明伽利略是錯的，而亞里斯多德是對的。

柯雷西奧是伽利略的對頭，他的一眾同事也是：哲學教授文謙佐・迪格拉吉亞（Vincenzo di Grazia），校監亞杜羅・潘諾切斯齊（Arturo Pannocchieschi），邏輯學教授科西莫・波斯卡利亞（Cosimo Boscaglia），還有好辯的哲學家洛多維可・德拉科倫貝（Lodovico delle Colombe）。因為這最後一位學者的姓氏，伽利略給這個小團體起了個綽號：La lega del Pippione，「鴿子聯盟」，因為鴿子在比薩方言裡跟法文一樣，也有「蠢蛋」的意思……。

順道一提，伽利略有個合作夥伴寫過一本柯雷西奧的錯誤大全，每一段開頭幾乎都是「他錯了……」[8]。有人在其中某頁的空白處留下一些評語，提到柯雷西奧的比薩斜塔實驗，而這疑似是伽利略寫的，結論是：「大錯特錯，如同實驗所示。」[9]

問題在於，柯雷西奧和後來維維亞尼提過的類似實驗，似乎一概證明亞里斯多德是對的，並且特別證明伽利略是錯的。一六四一年，伽利略收到學生文謙佐．雷尼耶里（Vincenzo Renieri）的信[10]，信中提到有個耶穌會修士做了類似的實驗，用的是一個鉛球、一個木球。這兩個重量不同的球再度於不同時間落地。雷尼耶里很清楚問題是空氣阻力，因為他提到木球被風吹歪了，沒有垂直墜落。可是空氣摩擦力的困擾到底要怎麼解決？

上月球就得了，那裡沒有大氣層，是理想的解決方案。的確，一九七一年，在阿波羅十五號登月任務期間，太空人大衛．史考特（David Scott）就在月球上鬆手讓一柄榔頭、一根老鷹羽毛落地。網路上很容易找到這個實驗的影片，看到這兩樣東西以等速同時落地，確實令人印象深刻。可惜伽利略得想個別的辦法。

伽利略真正的實驗

因為要「製造」真空環境很難，所以最簡單的作法或許是（盡量）杜絕空氣摩擦力的影響。這一回，這個實驗由伽利略親口告訴世人，寫於一六三八年出版的《論兩種新科學》（*Discours concernant deux sciences nouvelles*），不過實驗在此多年前就做了：

取一把直尺，更精確來說是一段木椽，長約十二肘[①]，寬半肘，厚三指。在其上鑿一窄小凹槽，寬不超過一指且完全筆直，並在凹槽內鋪一層打磨過的羊皮紙，使其盡可能光滑，再取一枚極硬且拋光正圓的銅球，讓它在凹槽中滾動。

把凹槽的一端架高離地一或兩肘，使之傾斜，並如前述，任銅球自高端滾落，並記錄……滾動全長所需時間。我們多次重複實驗，以確定滾動時間，但每次測量結果，差異從未大於脈搏的十分之一。待初始測量完畢，我們又讓球僅滾落四分之一凹槽長度：測得的時間總是恰相等於滾完全長所需的一半。我們接著改變實驗條件，將銅球滾動凹槽全長所需時間，與一半長度、三分之二、四分之三，以及不同等分長度所需時間相比較。如此重複上百次，我們發現滾動距離總是與滾動時間的平方成正比，不論銅球滾落的平面（即凹槽）傾斜角度為何。[11]

伽利略想到的巧妙解法，是把平台斜放，讓球在完全光滑的表面上滾動，這麼一來摩擦力就幾乎能忽略不計了。實驗結果就是我們今天說的伽利略定

① 譯註：古代長度單位，介於四十五到五十五公分之間。

律：物體的移動距離與移動時間的平方成正比。伽利略用了很精確的方法做計算：

我們測量時間的方式，是裝滿一大桶水並高高吊起，桶底有一小縫，在銅球從凹槽滾落的全程，我們讓一極細的水流由此流出，另以容器盛接。每次收集到的水，以極靈敏的秤測其重量，由水重量的差異與比例，便能得知銅球滾動時間的差異與比例；如同前述，這個方法如此準確，即使經多次重複，從未出現顯著不一致的結果。[12]

可是伽利略是怎麼從這個實驗得知，物體運動的距離與時間平方有關係？一般很難想到某個變數會是平方！其實，他不是用「想」的，他已經知道了：

我們也觀察到，銅球從不同斜度的平面滾落，所需時間的比例完全符合作者的預測與推演，容後述之。[13]

伽利略做實驗不是為了找出結果，而是驗證已知的結果，因為透過理論，他已經建立並推演出結論。他也不是第一個這麼做的人。中世紀末期，許多學者[14]已經看出亞里斯多德論述的弱點，到了與伽利略相近的年代，先後有義大利學者吉羅拉莫．卡丹諾（Gerolamo Cardano）和朱塞佩．莫勒提（Giuseppe Moletti）[15]。莫勒提與伽利略通過消息，他已經用數學證明自由落體的速度與其質量無關。不過伽利略做了更深入的結論，為實驗結果提供理論架構，所以我們有時也認為他是現代力學之父。康德就認為這是重大里程碑：

當伽利略選用不同重量的球，從傾斜平面滾落……對所有物理學家都是一大啟發。他們因此了解，理性只會洞察根據理性思考所做的計畫得到的結果。理性得先遵守恆常的定律，預先決定理性判斷要依持的原則，迫使大自然回答他的問題，而不是任由自然牽著鼻子走。否則，未經任何事先規劃所做的隨機觀察，無法歸結出必要的定律……。[16]

實驗與理論

值得注意的是，康德引用了正確的斜面實驗，而不是傳說中的比薩斜塔實驗。此外我們也要像他一樣強調，伽利略的實驗是理論思考所得的結論、以數學推導的結果。所以實驗實作不是研究的起點，而是終點。愛因斯坦說的是沒錯，伽利略在思考時納入了對現實的考量，但他沒有單憑現實來發想他實驗背後的理論。

樹葉顯然墜落得比橡實慢，但根據這個經驗發展理論，就會犯亞里斯多德的錯誤（情有可原）：不知道物體墜落受兩個變數影響，就去估算這個現實狀況。這兩個變數一個是引力（跟物體的重量和形狀都無關），另一個是磨擦阻力（同時受介質密度和物體形狀影響）。這裡要特別強調亞里斯多德的思維並不愚蠢，因為我們常會把亞里斯多德視為「真」科學的敵人。不過伽利略的思維翻轉了典範：我們能根據現實的某些面向建立理論模型，由此推導出定律，再用實驗驗證。不過最終的實驗基本上純粹是根據理論來設計。

相反的，從比薩斜塔頂端放手讓兩個不等重的球墜落，並不會突破亞里斯多德的理論，以至於當時做了那個實驗的人，只會證實亞里斯多德是對的。

因此，這個關於比薩斜塔實驗的謊言，害我們徹底誤解了伽利略的精心設計。我們以為只要做個「看看結果會怎樣」的實驗就能革新科學進程，但理論其實已經革新了科學，實驗只是證明革新確實發生了。

然而伽利略心知肚明，光憑理論推導未必能使人信服，因為不是每個人都有能力理解理論。這時實驗就派上用場了，能用來證明理論確實符合現實。伽利略透過他自己與想像人物的對話來闡述這一點：

辛普利邱（simplicio）：作者（伽利略本人）的演示（數學）比較艱澀，相較之下，我比較喜歡沙格列陀（Sagredo）大人簡單明確的推理（針對某實驗做的解釋）；……所以我認為，現在，對於我以及所有想法跟我一樣的人，針對演示所得的結論，最好從您之前提過的、在許多方面與之相符的實驗中，挑一個來告訴我們。

薩爾維阿蒂（Salviati）：您的要求……完全有道理，這是為何在科學研究中，應該運用數學演示來分析自然現象，不論是透視法、天文學、力學、音樂，以及其他學科，它們的原理，也就是一切後續發展的基礎，都經由合理的實驗加以證實。[17]

在薩爾維阿蒂的回應中，文眼是「合理」：實驗必須合理，也就是做實驗是為了彰顯理論的精微所在。

比薩斜塔：高明的辯術

維維亞尼謊稱伽利略做過比薩斜塔實驗，最妙的地方在於，他模仿對手（柯雷西奧），將負面實驗化為正面手法，為己方陣營提出反擊：柯雷西奧說這個實驗證明伽利略錯了，維維亞尼就掰說伽利略也用這個實驗證明自己的理論是對的！

這是高級辯術的實在展現，我們可以想想如何在日常生活中借鏡，也讓人想到合氣道的原理：利用對手的力道和衝勁，借力打力，化對手的攻擊於無形。所以維維亞尼這成功的一手很了不起，因為直到今天我們都信以為真……。

只可惜，這則傳說使人遺忘了伽利略另一面的才情。藉由斜面滾球實驗，他可說是人工重建了真空實驗的條件，這是從比薩斜塔頂樓做實驗未必能達成的（柯雷西奧才會得到否定的實驗結果）。

最後，從科學史的角度，我們也能從現代科學對古典時期的看法來分析這則傳說。我們往往認為，古典時期的哲學家感覺像業餘玩家，比較偏向「哲學家」，而不是真正的「科學家」，與文藝復興時期的學者成一大反差，這些前人跟文藝復興學者根本沒得比。然而實情絕非如此，儘管有些人企圖用文字渲染這種知識斷層的印象（見第七章，中世紀地平論的迷思）。就連伽利略有時也不太老實，不承認他欠古典時期的原子論哲學家一份人情[18]。然而他在很多地方都承認，亞里斯多德的講稿對增進科學素養有很大的幫助。

我們只是不該基於一個人的威信而只聽一家之言，有如奉行教條。批評亞里斯多德，不代表否定亞里斯多德，這是透過改善前人的觀念，增進我們對某些現象的理解，有時那些觀念難免會被徹底翻轉。

身為科學家該有的態度，伽利略是這麼說的，直到今天，這在許多領域都能使我們免於犯錯：

我甚至熬了大半夜，回顧過往的推論，思索兩個對立陣營的論點，一方是（支持天動說的）亞里斯多德和托勒密（Ptolémée），另一方是（支持地動說的）阿里斯塔克（Aristarque）和哥白尼。至少就他們原始的論點看來，假使他們是認真嚴肅的，那麼不論是哪一方錯了，我都真心認為應該原諒。然而，因為亞里斯多德的見解歷史悠久，所以門徒及支持者眾；另一派則門可羅雀，因為那較為晦暗（比較複雜難懂），也較為新穎。在第一派的支持陣營中，尤其是現代人，他們似乎是為了維護他們認為真確無誤的見解，而提出新的論點，但那就算不用荒唐來形容，也非常幼稚。

……他們的結論既不是根據前提推導，也不是基於理性思考；他們操弄前提和理性思考，抑或該說打亂並推翻前提和理性思考，所依據的是他們緊守不放的成見。[19]

CHAPTER 6

又一個女巫?

6 又一個女巫？

當我看著妳，聽著妳的言語，
我仰慕妳，
在處女的凝視，
和她在蒼穹的住所之下。
因為妳屬天上所有，
莊嚴的希帕提亞，尊貴的言語，
純潔的星宿，滿盈著智慧。[1]

——帕拉達斯（Palladas）

對一般民眾來說，希帕提亞（Hypatia）的名氣絕對比前幾章的科學家小很多。然而從古至今，她代表的政治意涵都強烈得多。因為希帕提亞，這下我們總算有了第一位女數學家，而我們對她的生平和作品都知道得很少。在解釋原因之前，先來看看我們如何記述她的故事。

時間拉回西元四一五年，地點是亞歷山卓。這個城市以燈塔（古代世界七大奇蹟之一）和宏偉的圖書館（既是研究中心也是現代意義中的圖書館）聞名於世，在當時是埃及羅馬行省的首府，住民的身分是羅馬公民，但說的是希臘語。有個名叫希帕提亞的女人，是當地新柏拉圖主義學院（類似大學）的校長。因為希帕提亞是女哲學家，在歸信基督教的羅馬帝國裡又是異教徒，所以在亞歷山卓主教濟利祿（Cyrille）庇蔭之下，基督極端分子用殘酷手段殺害了她。

希帕提亞成為象徵性人物，很快又充滿負面意涵。到了七世紀，埃及主教尼基烏的約翰（Jean de Nikiou）就說她是女巫，理當被基督信仰消滅：

從前在亞歷山卓有個女異教徒哲學家，名叫希帕提亞，經常施法、行佔星術和演奏音樂，用撒旦的詭計誘惑了許多人。亞歷山卓省的省長特別尊崇希帕提亞，就是因為被她的法術勾引。他不再保持聚會的習慣，偶爾才上教會一次。

而且不只他個人如此，他也為希帕提亞招攬了許多忠實信徒，並熱情接待許多異教人士。[2]

尼基烏的約翰接著提到，因為猶太人與希帕提亞的異教徒盟友用計伏擊基督徒（謊報教堂失火，在信徒前往救火時殺了他們），城裡的緊張情勢升高。報復隨之而來：猶太會堂被改為基督教堂，後來猶太人也被驅逐出城。

接下來，在忠心侍奉耶穌基督的官員彼得（Pierre）帶領之下，一群主的信徒開始搜索這個女異教徒，因為她用邪術誘惑了城市居民和省長。信徒發現了她的住處，在抵達時看到她正坐轎子裡。他們逼她下轎，把她拖到一間叫做該撒利亞（Cæsaria）的大教堂，而當時正值封齋期期間。他們剝去她的衣服，在街上拖行她，直到她死去，再把屍體抬到一個叫辛納隆（Cinaron）的地方燒了。大家簇擁著濟利祿主教，說他是新的提亞非羅（Theophile），因為他消滅了城裡最後僅存的偶像崇拜者。[3]

借用女性主義歌手安・希樂維絲特（Anne Sylvestre）的歌名，希帕提亞就這麼成了「又一個女巫」。的確，女人只要做點家庭主婦分外的事，尤其是對跟科學沾上一點點邊的主題感興趣，馬上就會被當成女巫，而不是科學家。希帕提亞不只被扣上異教徒的帽子，也是危險人物，因為她施行巫術、勾引男性（典型的厭女觀點），誘使基督徒背離信仰。此外值得注意的是，濟利祿主教，也就是害死希帕提亞和迫害猶太人的推手，後來獲教會封聖（他是東正教和羅馬天主教的聖人），受尊奉為基督教會的早期教父和聖師。

真實的（和錯誤的！）歷史

關於希帕提亞之死，尼基烏的約翰所述並不是現存最古老的文獻。另一名教會歷史學家索克拉蒂斯（Socrate le Scolastique）與希帕提亞生於同一時期，在西元約四四〇年寫了《教會史》（*Historia Ecclesiastica*），也就是希帕提亞死後僅僅二十五年。以下是索克拉蒂斯的說法，顯然更接近史實：

> 在亞歷山卓有個名叫希帕提亞的女人，她是哲學家席恩（Theon）之女。她的知識之廣博，超越同代所有哲學家，並執掌柏拉圖學院，承襲普羅提諾（Plotin）學派。她教導各種哲學知識，有心之人都能在那裡學習，想研究哲學的人從四方慕名而來。她受過良好教育，十分健談，面對城邦中的官員也毫無懼色，並以謙和的態度為人所知，置身男性群眾中仍落落大方。正因為她性情極為謙和，所有人都尊重並愛戴她，有人也因此對她心生忌妒。因為奧利斯蒂斯（Oreste）（亞歷山卓省長）殷勤拜訪她，基督族群開始出現誹謗她的聲音，說她阻撓了奧利斯蒂斯和主教和解。一些血氣方剛的男人心有同感，後來他們由一個名叫彼得的讀經教士帶頭，暗中監視這個女人，在她回到住處時拖她下

車，把她帶到一座名叫該撒利亞的教堂。他們剝去她的衣服，用瓦片砸死她，又肢解她的屍首，運到一個叫辛納隆的地方燒了。此事是濟利祿和亞歷山卓教會的一大恥辱，因為他們的謀殺、鬥毆和此類諸般暴行，與基督精神全然背道而馳。[4]

這個說法比較可信，因為作者不只跟她同時代，更是個基督徒。他也沒有為教會開脫的意思，讓人比較相信他無意隱瞞什麼。

值得注意的是，當濟利祿陣營的激進分子指控奧利斯蒂斯是異教徒，他自清是基督徒，所以這兩人的對立基本上與宗教無關。此外，濟利祿顯然有強烈的政治野心，而這在中世紀歷史幾乎是基本設定，這兩派人馬總是互相對立：[5]屬天的權力（濟利祿主教）和屬地的權力（奧利斯蒂斯省長，代表羅馬帝國）。

所以希帕提亞站在一個異教徒的位置，她似乎接納那些她收為學生的基督徒，並與省長交好，而她絕不希望濟利祿擴張權力，因為這可能威脅她的教學和研究。所以刺殺她的主要動機是政治，由濟利祿遙控，他不想髒了自己的手，但樂見信徒代勞。可以想見，濟利祿為了煽動他的激進暴徒部隊，或許也用了厭女的說詞，何不就說她是個行巫術的女學者好了。雖然如此，他想剷除希帕提亞的真正原因還是政治考量。在男人的世界裡，女人不過是現成的附帶損失。

然而這還是嚴重違反了社會秩序。別忘了，索克拉蒂斯是信基督的教會歷史學家，他就痛斥這起暗殺事件。或是像尼基烏的約翰，改為辯稱希帕提亞是有害教會的女巫，然而這未必有足夠的說服力，使教會得以洗刷歷史汙點。就像第五章的伽利略和維維亞尼，想洗清汙點，最簡單的辦法就是把那個汙點畫大一點，而且讓自己看起來比較體面。

於是到了中世紀，有一則故事逐漸開始流傳，後來又在雅各・德・佛拉金（Jacques de Voragine）的《黃金傳說》（*Legenda aurea*，大約出版於一二六五年）[①]中被發揚光大，主角是女聖人亞歷山卓的加大肋納（Catherine of Alexandria）。她生前是個年輕的處女，美若天仙，學識淵博。當然了，雖然這個加大肋納在歷史上似乎不太可能存在[6]，她顯然勸服了無數哲學家歸信基督教，後來才在邪惡的異教徒手下殉道。一切關於希帕提亞的（真實）歷史元素都對應到她身上[7]（亞歷山卓城、知識淵博的女性、殘忍屠殺），好抹去歷史上不堪的事件！

象徵人物的多重面貌

有幾百年的時間，世人就這麼大抵遺忘了希帕提亞，直到一七二〇年，愛爾蘭哲學家約翰・托蘭德（John Toland）重新將她帶回世人面前。托蘭德發現了一本反羅馬天主教的小冊子，題名就是《希帕提亞》，副標題是「史上最美麗、最高尚、最博學的全能才女生平。她被亞歷山卓的教士五馬分屍，以滿足該城大主教傲慢、貪婪和暴戾之心，即世人奉為聖人，但不配這頭銜的聖濟利祿」。這本小冊子激怒了好辯的英格蘭教士湯瑪士．路易斯（Thomas Lewis），他為文替濟利祿申辯，同時攻訐希帕提亞。

希帕提亞的身後之名從此成為公共辯論的主題，在啟蒙時代也被用來抨擊教會當局。伏爾泰就這麼寫：

有什麼比濟利祿主教手下教士的行為更可怕、更卑劣的？那個基督徒奉為聖人的濟利祿？從前在亞歷山卓，有個名叫希帕提亞的女孩，因為她的美貌和

①譯註：基督教聖人傳記集。

才智享有盛名。她由哲學家父親席恩扶養長大，在四一五年接掌父親的教學工作，她的學識和德行均備受推崇，不過她是個異教徒。一群狂熱的暴徒在濟利祿的教士爪牙帶領下，趁她授課後返家途中當街攻擊她。他們抓住她的頭髮拖行遊街，用石塊砸死她並燒了她的屍體，聖人濟利祿一句斥責的話也沒有。[8]

她成了反抗教條主義的象徵，也代表因基督信仰而滅亡、墮落的羅馬帝國[9]。浪漫主義進一步提升她的形象，把她塑造成一個保有處子之身的女智者[10]。後來她又成為女性主義的象徵人物，尤其是朵拉．羅素（Dora Russell）在一九二五年出版的《希帕提亞：女性與知識》（*Hypatia or Woman and Knowledge*），把她視為「被教會要人攻訐、被基督徒分屍的高教學者」[11]。許多刊物也以她命名：《希帕提亞：女性主義哲學期刊》（*Hypatia: A Journal of Feminist Philosophy*，一九八三年）、《希帕提亞：女性主義研究》（*Hypatia: Feminist Studies*，一九八四年）。二〇〇九年，亞歷山卓．亞曼納巴（Alejandro Amenábar）執導的電影《風暴佳人》（Agora）不只重現以上各種象徵意涵，還額外揭露一項事實——希帕提亞也是個數學家。即使電影情節有時太小說化，也不乏史實錯誤，不過這仍要歸功於亞曼納巴。

難以界定的數學作品

希帕提亞在當時是個「哲學家」，這不只代表現代意義中的哲學家，也有數學家和教授的意思。

希帕提亞曾與哲學家辛奈西斯（Synésios de Cyrène）通信，根據留存下來的內容，她不只講授哲學（柏拉圖、亞里斯多德、新柏拉圖主義），也教天文學、力學和數學[12]。至於她的個人著作，我們所知的只有數學作品，這似乎意味著她的主要身分是數學家。

唯一的問題在於，就像那個時代常見的情形，她的作品是針對前人作品的評析。而且現今留存的手抄本，數百年來歷經輾轉抄寫，原始文字往往都跟後人評析混在一起了。我們未必能區分希帕提亞的評析和她評析的原著，更何況「釋義重寫」應該不能算是「評析」，因為這代表深入改寫原著，加以修正擴充。

所以我們今天看到的丟番圖《算術》（*Arithmetica*）叢書，可能有部分甚至全部都是希帕提亞重寫的。也就是說，我們以為自己在讀丟番圖的《算術》，實則是希帕提亞的《丟番圖算術評析》，涵蓋了原著後續的發展和深化。更精確來說，現存的丟番圖著作阿拉伯文譯本，至少有部分融入了希帕提亞的評析，或許希臘文手抄本才比較接近丟番圖的原著（但阿拉伯文手抄本才是完整版，希臘文版只有阿拉伯文版的部分內容）[13]。這麼看來，希帕提亞的增補很了不起。無論如何，我們能確定的是，希帕提亞的評析遠近馳名，也是當時的權威意見。[14]

在幾何學方面，希帕提亞評析了阿波羅尼斯的《圓錐曲線論》（*Sections conique*）和托勒密的《天文學大成卷三》（*Livre III de l'Almageste*）。關於後面這套書，值得注意的是它提到一個計算六十等分的方法，在卷一建議了一種算法，卷三又建議了另一種，而卷三正是由希帕提亞評析的。我們也能在卷四和卷九看到卷三的算法，難道這表示她也改寫了這兩卷？[15]光憑這麼少的資料很難判斷，但不能不考慮這個可能性。

此外，根據希帕提亞和辛奈西斯的通信，她似乎在西元約四〇〇年製作了一個星盤（用於觀測與計算天象），又在四〇二年製作了一個比重計（測量液體密度）[16]。所以希帕提亞絕對有個人作品（那個時代很多作者都引用過她），但我們很難建立一個清楚的輪廓。

有點像本章開篇引用的詩句，現在我們也懷疑作者是不是帕拉達斯（與希帕提亞同時代的詩人），又是不是真的在講希帕提亞[17]。這位亞歷山卓女學者的作品不為世人所知，因為都跟前人的作品混淆了。

被迷思削弱的真相

前面說過，希帕提亞的死使她成為一則迷思：在我們眼中，她成了為哲學犧牲的烈士，而且是以一個女性的身分、一位活在教規至上世界裡的哲學家。這個迷思原本是想提升希帕提亞的地位，實則貶低了她，因為我們因此遺忘了她主要的身分其實是數學家。

這無疑是因為有些人雖然想捍衛她，卻又出於不自覺的隱性厭女偏見，而偏好把女教師想像成特定樣貌：女生當哲學家應該可以，要當數學家，難度就高太多了，更不可能有本事打造天文學和流體靜力學的儀器。伏爾泰就在他的

《哲學辭典》（*Dictionnaire philosophique*）裡這麼寫：

> 在狄奧多西二世（Théodose II）時代，她在亞歷山卓教荷馬和柏拉圖，聖濟利祿煽動基督徒攻擊她。[18]

在這裡她不是被描繪成學者，而是教師；不是數學家，而是哲學家（見第十一章，沙特萊如何被視為「女文人」）。很矛盾的，想維護希帕提亞的人反倒背叛了她，因為他們不把她當成完整獨立的科學家（這正是她的身分）來維護，而是在他們的想像中，普通女人頂多能做到的地步：獨立自主的精神，思想違背時代潮流。所以我們雖然認為希帕提亞是哲學家，卻從來沒人提過她的哲學理論；而希帕提亞的科學著作雖然確實存在，卻也從來沒有人幫她說話。

我們也說她是處女，卻完全沒有當時的資料能佐證。她應該終身未婚，但這不代表她保持處子之身。在本章開篇詩句中，帕拉達斯說她是「parthenos」，這常被翻譯成處女／處子（我們保留了第二句詩裡這個用法，因為這是慣用的翻譯方式），但意思主要是「未婚女性」。這有點像知名時尚設計師可可・香奈兒（Coco Chanel），法國人暱稱她「小姐」（Mademoiselle）②，但她的風流韻事可沒因此少過。把parthenos譯成基督文化意涵濃厚的處女，可能使她蒙上異教聖徒的色彩，從而違背她真實的身分。

此外，刻意說她是處女，豈不是又陷入這個刻板印象：女人要是身為科學家或哲學家，就不可以跟性扯上任何關係。就像瑪麗・居禮（見第三章），在我們選用的照片裡，永遠是一身正經八百的黑長裙。因為在我們的想像中，女人不能既有身材、又有大腦。

最終，希帕提亞成了一個空洞的象徵，因為我們雖然擁戴她，對她的思想卻一無所知。我們也遺忘了她的作品，只記得她是怎麼死的，所以我們不是根據她做了什麼，而是我們對她做了什麼來定義她。如此諷刺的結果實在殘酷——關於希帕提亞，我們記得的既不是她這個人，也不是她的作品，而是那些下毒手殺害她的男人。

② 譯註：法文中對未婚（年輕）女性的稱謂。

CHAPTER 7

地球像柳橙一樣平

會議一開始，哥倫布想必就得面對出人意料的偏見，而且與會的教士絕對多於學者。在他的提案中，地圓說是最簡單的理由，而這違背了聖經的經文……。[1]

——華盛頓．歐文（Washington Irving）

本章要探討的謊言跟個人無關，而是針對一個主題：我們常說中世紀的人認為地球是平的。所以接下來會提到多位科學家，他們或多或少與這個問題直接相關。

但首先，我們要討論的這個人不算科學家，他是克里斯多福．哥倫布（Christopher Columbus）。雷利．史考特（Ridley Scott）執導的電影《1492征服天堂》（1492 : Conquest of Paradise）在「發現」美洲的五百周年上映，主角就是法國影星傑哈．德巴狄厄（Gérard Depardieu）飾演的哥倫布。在電影開頭，哥倫布拿著一個柳橙向兒子解釋，船會消失在地平線上，是因為地球是圓的。不久後，場景切換到他面對一群薩拉曼卡大學的神學家，他們一致反對他的航行計畫，因為這支持了古希臘哲學家托勒密的宇宙觀。

神學家對哥倫布，這歷史性的一幕也登上了「哥倫布門」。這兩扇寬大的銅門位於美國華盛頓特區的國會山莊，上面的第一幅浮雕就以此為主題。也有人拿這起事件入畫，尤其是現藏於羅浮宮的艾曼紐・洛伊策（Emanuel Leutze）那幅油畫，傳達了在我們想像中，中世紀教條主義與現代科學的衝突，雙方代表分別是受宗教裁判所支配、宇宙觀陳舊的西班牙，以及想要證明地圓說的哥倫布。至少哥倫布覺得地圓說有道理，也想利用地圓的特性，藉由向西航行抵達印度（也就是在此兩百年前，馬可波羅經陸路遊訪的中國）。

然而實情並非如此：在那個時代，大家（意思是所有的知識分子）都知道地球是圓的。薩拉曼卡大學的委員會的確由「神學家」組成，但他們主要的身分是真材實料的學者，任職於當時全世界數一數二的大學。哥倫布應伊莎貝拉一世（Isabella I）要求規劃了航行計畫，由這個科學委員會負責審查，而他們之所以反對，絕不是因為不願承認地圓說，單純是覺得哥倫布嚴重低估了航程，也就是這趟旅行的可行性。所以他們爭論的不是地球的圓扁，而是地球的直徑長度[2]。這些委員想的一點也沒錯！

幸好哥倫布抵達了美洲這個「新印度」，假如他當年真的要一路航行到中國，肯定到不了，因為這段距離大約比他原本估計的多兩倍。所以他的計畫差點闖關失敗，背後有實在的科學理由，而不是神學阻撓。他之所以能成行，也是基於商業理由，而不是科學。

當哥白尼和伽利略對上教會

一些比較有知識的現代人有時會認為，地圓說是哥白尼和伽利略發明的，但他們被教會大力打壓，無法捍衛自己的思想。

一五四三年，哥白尼在臨終前出版了《天體運行論》（*De revolutionibus orbium coelestium*）。常有人說，他之所以直到晚年、幾乎是死後才出版這本書，是顧忌教會當局的反應。這有部分是事實（但別忘了他本身也是神職人員），因為他認為太陽沒有繞著地球轉，而是反過來才對。當時這個想法就連科學界都很難接受，因為這增加了宇宙學的複雜程度，而且一切都得因此「砍掉重練」，從零開始。第二個原因是哥白尼心知自己的運算並不完美。他以為行星運行軌道是圓形，但其實是橢圓才對，後來這由克卜勒所證明。哥白尼自知研究結果有缺陷，才遲遲不願出版。

總之，哥白尼毫不懷疑地球是圓的，這也不是他怕教會可能懲罰他的原因。此外，他這本專論直到一六一六年、出版七十年後才被列為禁書，也不是因為地圓說，他跟伽利略被禁另有一個同樣的原因。

伽利略確實遭到教會譴責，並被迫收回已出版的著作，就像德國劇作家貝托爾特．布萊希特（Bertolt Brecht）在《伽利略傳》（*Leben des Galilei*）中寫的，但原因與地圓說無關（畢竟這已經是公認的事實）。伽利略之所以被教會譴責，是因為他提倡地動說，而這正是來自哥白尼的思想，哥白尼的《天體運行論》也是因此被列為禁書。

雖然如此，今天還是有一些優秀人才，例如公知名嘴[3]，在宣揚伽利略是唯一想到地圓說的人，又說他因此遭到知識錯誤的大多數人反對。物理學家瑟吉．嘉蘭（Serge Galam）是法國國家科學研究中心的名譽研究主任，他就曾在二〇〇七年這麼寫：

伽利略做出地圓說的結論，輿論卻堅持地平說，一致反對他。不過他有實驗證明支持這個結論。[4]

地球是圓的——早就是了！

事實上，打從古典時代起，我們就知道地球是圓的了。但要注意，「我們」指的是科學界和受過良好教育的人，古希臘或中世紀法國的普通農民未必知道。話說回來，就算到了今天，還是有很多人認為地球是平的。萬幸的是，這些人不足以妨礙我們說「我們」知道地球是圓的。

一切要從西元前六世紀說起，當時米利都的阿那克西曼德（Anaximandre

de Milet，泰利斯的學生和接班人）提出一個想法：地球並不扁平，而是圓柱形的[5]。這想法看起來很怪，但至少解釋了太陽為何在入夜後跑到地球下面。譬如在埃及人的想像中，太陽就在夜間乘著一艘小船繞行地球，然後白天從東方升起，晚上又從西方落下。「圓柱說」可以讓地球保持平坦的外觀，又比較合理地解釋宇宙運行。圓柱說向前跨出第一步，後來巴門尼德（Parménide）才得以提出地圓假說，他應該是第一個支持這個想法的人。[6]

柏拉圖也推廣地圓假說，後來亞里斯多德寫了兩段文字，以科學論述支持地圓說。第一段的主題是地球的誕生——他的推論有種科學預言的特質，很令人欣賞：

要是地球有個起源處，不論它起初就是一個整體，或有多個碎片，它的各個部分要移動至包圍中心的等距範圍內，應該要花一段時間。各種大小的碎片受自身重量推擠而互相嵌合。所以，地球如果是受造出來的，應該是以這個方式，才會形成一個圓形……。此外，地球之所以是圓形，是因為一切重物掉落時都以相同角度指向中心，而不是與彼此平行。物體自然會往天生為圓形的地方掉落。[7]

第二個說法，讓人聯想到比亞里斯多德晚一百年後，阿基米德是怎麼解釋地球是圓的（見第二章三十七頁引言）。接下來第二段又更有說服力，因為他援引了最基本的現象觀察：

感官體驗到的現象也符合這一點。否則月蝕怎會有我們看到的那些截口？月亮的盈虧有各種形狀……，但月蝕時總有個凹陷的弧形缺口。因為月蝕是地球介於日月之間造成的，所以這正是地球的輪廓。因為它是圓的，才導致這個形狀。[8]

這兩段文字讓我們看到，亞里斯多德、廣義來說就是古代的科學，並不脫理性思考範圍，而且現代人（文藝復興以降）並沒有推翻他的理論再重建一套，而是加以延續。此外，年代比他稍晚、與阿基米德同時代的阿里斯塔克（西元前三世紀），也用幾何方法證明地動說比較合理，後來哥白尼就在他的書裡引用過——儘管他在最後一版手稿刪去了阿里斯塔克的名字，無疑是想當地動說的唯一發明人。[9]

至於托勒密（西元二世紀），他沒有採納阿里斯塔克的學說，而是偏好天動說（也跟他的運算方法有關）。後來教會拿他來打壓伽利略，但托勒密顯然知道地球是圓的，就跟古希臘羅馬所有的地理學家、天文學家和知識分子一樣，例如埃拉托斯特尼（Ératosthène，他算出地球的周長）①、小普林尼（Pline

① 譯註：西元前二七六年—前一九四年，古希臘學者。

le Jeune）②、馬克羅比烏斯（Macrobe）③，不及備載。更棒的是：支持地圓說的還有很多偉大的神父：聖安波羅修（saint Ambroise）、聖奧古斯丁（saint Augustin），以及聖熱羅尼莫（saint Jérôme）④。

中世紀的人也知道

針對中世紀有些深植人心的傳言，說那是個「黑暗時代」，但這並不正確，中世紀的人也知道地球是圓的。最簡單的證據是看看當時的各種藝術作品，他們在刻畫查理大帝（Charlemagne）時，會讓他托著一個頂著十字架的地球。從古典時代末期開始，在基督教世界，十字聖球（globus cruciger）是國王或帝國強權向異教徒展現權力的象徵。其實，手握或腳踩世界（圓形世界）的形象，早在那顆球被插上十字架之前就看得到，哈德良皇帝（Hadrian）時代（西元二世紀初）的錢幣就是個例子。

許多中世紀手抄本也以圖文描繪出圓形的地球，尤其是人站在相對極上的圖樣——有些人站在地球上方，另一些倒著站在下方。在西元約一三二〇年，古桑·德梅茲（Gossuin de Metz）就在《世界形象》（*L'Image du monde*）裡寫道：

> 就像蒼蠅環繞圓形的蘋果爬，人也可以如此行遍世界，只要自然的陸地依然包圍著他。當他走到我們下方，會以為是我們在他下方。[10]

作者接著為這段文字畫出一個圓圓的地球，我們能看到球體上方站著兩個人，東西兩側各站著一個，與上方兩人垂直，還有兩個人倒著站在正下方，與上方兩人對稱。[11]

---

② 譯註：西元一世紀末、二世紀初的羅馬文人與政治人物。他的舅舅是知名的博物學家老普林尼。

③ 譯註：約生於西元四世紀，古羅馬作家。

④ 譯註：以上三位都是獲羅馬天主教封為教會聖師的主教，對神學有重要貢獻。

中世紀許多文學名著不乏某些畫面描寫，給人一種主角在環球旅行的印象（例如約翰・曼德維爾（Sir John Mandeville）的《曼德維爾遊記》〔*Livre des merveilles du monde*〕）[12]，要不然也會直說地球是圓的（傑弗瑞・喬叟〔Geoffrey Chaucer〕的《坎特伯里故事集》〔*The Canterbury Tales*〕）[13]，更別提許多科學著作都肯定這個事實（多瑪斯・阿奎那〔Thomas d'Aquin〕[5]、羅傑・培根〔Roger Bacon〕[6]、大阿爾伯特〔Albert le Grand〕[7]等人[14]），甚至加以論證（約翰・史郭波斯可〔Jean de Sacrobosco〕[8]約成書於一二三〇年的《論圓形世界》〔*De Sphera/De sphaera mundi*〕）。

總而言之，地球真的就是圓的，即使有些人顯然持反對意見——特別強調，這些人只佔非常少數，著名的例子有中世紀的聖依西多祿（Isidore de Séville，西元七世紀初）[9]，在他之前有古典時代末期的拉克坦提烏斯（Lactance，西元四世紀初）。

中世紀地平說迷思的由來

這個迷思就是藉由拉克坦提烏斯產生的。一般認為這位作家是基督教世界的西塞羅，而他認為地圓說十分荒謬，曾寫下這段譏諷之詞：

有個瘋狂的人相信，有些人頭下腳上地站著，躺在這國家裡的人都懸在那些人上方，那裡的草木向下長，雨水和冰雹往上掉？……他們憑什麼主張相對極的存在？藉由觀察星體的運行，他們注意到太陽和月亮總在某處落下、從某處升起。但他們找不到星體運動的規則，也想不到星體怎麼由西走到東，便想

⑤譯註：約一二二五年—一二七四年，中世紀義大利的哲學家和神學家。
⑥譯註：一二一四年—一二九四年，十三世紀英國的修士與哲學家，提倡經驗主義。
⑦譯註：約一二〇〇年—一二八〇年，中世紀德國的哲學家和神學家。
⑧譯註：約一一九五年—一二五六年，應出生於英國，天主教修士、學者、天文學家。
⑨譯註：約五六〇年—六三六年，西班牙的教會聖人、哲學家。

像天空是圓的；……既然地球被天空包圍，所以一定也是圓的。……我得承認，關於這些深信自己的謬論、主張這些荒唐思想的人，我不知該說什麼才好。他們做這種討論，想必只是為了消遣或炫學……。[15]

結果這段文字被哥白尼拿來借題發揮：

拉克坦提烏斯是知名作家，可惜數學造詣平庸，他為了嘲弄那些講授地圓說的人，用了極幼稚的方式討論地球的形狀。[16]

哥白尼的批評引起世人對拉克坦提烏斯這段文字的關注。後來這逐漸成為一個象徵，尤其是到了十八世紀，代表教會當局（也就是整個中世紀）對地圓說的反對。伏爾泰在《哲學辭典》裡就不忘透過拉克坦提烏斯暗諷教會：

在四百年間，哲學家開始了解諸般道理，例如太陽和行星的運行、地球的圓形輪廓、天空的流動無阻，行星就在其中於軌道上運行不輟。看到拉克坦提烏斯是怎麼不屑和可憐這些哲學家，很是耐人尋味。他心想：「這些哲學家怎會如此瘋狂，竟說地球是圓的，被包在天空這個圓球裡。」

……十八世紀，法國教會人士在一七七〇年舉行了嚴肅的會議，認真地把拉氏奉為早期教父加以援引，然而在他那年代的亞歷山卓學派學生，要是肯放下身分看一眼他的狂言，他只怕會淪為笑柄。[17]

事情開始失控，到了一八二八年，美國作家歐文出版了一本哥倫布傳記（絕不是考證嚴謹之作），有一段寫到薩拉曼卡大學學者（被說成神學家）用拉克坦提烏斯的話反駁哥倫布，然而這是歐文捏造的！本章開篇引用的「出人意料的偏見」段落，就出自歐文這本書。當時這本書在國際間大為暢銷，世人會認為哥倫布是個想證明教會有誤的科學家，又認為中世紀受教規箝制、無法接受牴觸聖經的地圓說，這本書是一大推手。

迷思從此深植人心，如同在一八七四年，英裔的美國哲學暨科學家約翰・威廉・杜雷伯（John William Draper）這段文字，他就對中世紀缺乏科學研究的傳言深信不疑：

在基督教世界，這段漫長的時期（從托勒密到哥白尼）有絕大部分耗在神性的論戰以及教會的權力鬥爭。神父組成的當權機構，以及認為聖經涵蓋一切知識的主流看法，都不鼓勵人們研究自然現象。倘若有人對某個天文問題產生興趣，權威說法會立刻成為答案，例如奧古斯丁或拉克坦提烏斯的著作，而不是援引蒼穹中的現象。神聖科學的文本是如此凌駕於世俗科學之上，以至於基督教問世後的一千五百年間，從未養成任何一個天文學家。

這種對科學的漠視持續到十五世紀末。即使在那時，科學還是完全不受鼓勵。後來之所以開始鼓勵科學，動機與宗教無關，而是源於商業競爭，至於地球形狀的問題，終於透過三個水手得到解決，他們是克里斯多福．哥倫布、達伽馬（De Gama），以及功勞最大的斐迪南．麥哲倫（Ferdinand Magellan）。[18]

這三位航海家，尤其是「發現」美洲大陸的哥倫布，以及環遊世界一周、從而證明地圓說的麥哲倫，從此成為托勒密以來最偉大的科學家。中世紀就是這麼被埋沒的，直到今天都形象低落，而且低落得很不公平。

迷思的意義

雖然根據歷史學家的研究，這些想法並不正確，不過這個迷思在普羅大眾的想像中依然鮮活，有時就連學者也難以抗拒。這一來是因為我們對科學的觀念，二來是因為我們把科學史等同於文明史的觀念，使這個迷思意義非凡。

首先，關於科學本身，哥倫布對抗教條主義的迷思，無疑彰顯出科學和宗教的對立關係。除此之外，這個迷思也暴露了我們對科學的一種觀念：科學只有透過實證檢驗才能證明自己。以地圓說為例，我們唯有實際繞地球一圈，才能證明它是圓的（前面說過，做到這件事的人是麥哲倫，不是哥倫布）。但事實上，要確定地球是圓的，未必得環球一圈或從太空中觀察。亞里斯多德以月蝕為論據，就讓我們留在原地不動也能肯定地圓說。同樣的，阿里斯塔克的幾何運算，尤其是後來哥白尼的幾何運算，也足以肯定地動說是正確的。當然了，經驗印證理論總是比較有保障，從情感甚而審美的角度而言更是舒暢（或許這才是最重要的）。不過這就像伽利略的斜面實驗（見第五章），理論已經確定無誤，實驗只是背書。

更重要的是要了解，有些事情我們就算未必能查證，依然可以推論出箇中道理，也可以放心相信我們的推論是對的。然而事後看來，有些事情原來靠理論推演就能解決，就算不能採取實際行動查證也無妨，確實滿令人難以接受的。地圓說就是個例子，地球轉動的方式也一樣。而這正是科學強大的地方：即使未必能實地檢驗某些現象，還是能加以解釋。

至於科學史，我們常認為現代科學（也就是中世紀以後）不只與中世紀毫無相似之處，也與古典時期截然不同（然而說到人文學科，例如藝術和哲學，我們又認為現代能脫離中世紀，是因為我們重新發掘了古典時期）。有時在十六和十七世紀的科學家身上，我們會看到這種與過去切割的企圖，例如哥白尼和伽利略從古典時期汲取靈感，有時又想把其中最重要的思想歸到自己名下。特別是十八和十九世紀的人，他們無疑想強調自己與過去截然不同，至於這麼做的目的，不論他們有沒有意識到，似乎是為了凸顯現代科學與文明進展有關係。於是托勒密和亞里斯多德被歸為同類（即使他們的年代相差將近五百年），中世紀則被徹底遺忘，因為跟現代科學相比，那些年代都太陳腐了。總之，認為科學是基於某個目標在歷史上持續發展進步的人，就會生出這路思維。

於是當我們回過頭來，看見古代有出乎我們意料的輝煌成就，便震驚不已，因為我們不禁會自問現代人有沒有相同能耐。有現代工具輔助絕對有可能，但在沒有的情況下，埃及的金字塔是怎麼蓋的？祕魯的納斯卡線又是怎麼畫的？於是我們發揮想像，而這個答案應該最說得通：這是已經消失的外星人、比人類更高等智慧生物留下的痕跡。否則我們要怎麼解釋，在那麼古早以前，頭腦簡單的人類竟然有這等奇才？

於是我們發現，因為這種充滿欽佩的不屑（我們嫌棄古人幼稚無能，又佩服他們那些無法解釋的成就），最終我們也變得像哥白尼眼中的拉克坦提烏斯一樣可笑……。

CHAPTER 8

資質平庸使用手冊

拿破崙和他那一類的偉人是帝國的創造者，但有另一類人比他們更偉大。他們創造的不是帝國，而是宇宙。……這些人，我用兩隻手就數得完：畢達哥拉斯（Pythagoras）、托勒密、亞里斯多德、哥白尼、克卜勒、伽利略、牛頓、愛因斯坦。……我說他們是宇宙的創造者，但有些不過是宇宙的修補者，只有三個人真正創造了宇宙：托勒密創造了一個歷時一千四百年的宇宙、牛頓也創造了一個歷時三百年的宇宙、愛因斯坦創造了一個宇宙，我沒辦法告訴你們這一個能維持多久！[1]

——蕭伯納（George Bernard Shaw）

當一位諾貝爾獎得主與另一位得主相見歡，他們會交流些什麼？當然是高妙的讚美啦！一九三〇年，在倫敦一場盛大的晚宴上，愛爾蘭全才作家、一九二五年諾貝爾文學獎得主蕭伯納，當眾向與會的愛因斯坦致詞。愛因斯坦不只是一九二一年諾貝爾物理學獎得主，更是科學之神的化身。蕭伯納認為他是繼托勒密和牛頓之後，第三位（目前為止也是最後一位）宇宙創造者，一個在世的傳奇。

然而眾所皆知，早年的愛因斯坦看不出會有如此成就：兒時的他幾乎像個自閉症患者，很晚才開始說話，在校成績普遍不佳，尤其是數學，他也因此沒考上蘇黎世理工學院，後來又在瑞士專利局當個卑微的小職員。儘管如此，他還是提出了相對論，並因此成為原子彈研發的關鍵推手。不過對科學史有興趣的人都知道，他太太米列娃．馬利奇（Mileva Marić）的數學造詣比他高很多，是愛因斯坦論文的主要寫手，諾貝爾獎該頒給她才對。

小愛因斯坦的語言障礙

我們就從頭說起吧：問題學生愛因斯坦[2]。首先是他的語言學習障礙[3]，愛因斯坦曾自述這段過去：

我父母很擔心，因為我比別的孩子晚開始說話，他們為此請教過醫生。我不知道我是幾歲開始說話的，但一定超過三歲。[4]

很多直接出自愛因斯坦的資料來源都這麼說[5]，自然引起語言學家的大力研究[6]，也為許多家長帶來希望：我的孩子要是有點發展遲緩的跡象也沒關係，說不定他會成為下一個愛因斯坦。

唯一的問題是，也有很多來自他親友的資料，似乎完全推翻他的說法。例如愛因斯坦的助理恩斯特・嘉博・史特勞斯（Ernst Gabor Straus），就有他自己的愛因斯坦軼事可說：

他才兩、三歲大就想講完整的句子。他會自己試著說每個句子，小聲練習發音，等聽起來對了，再大聲說出來[7]。

愛因斯坦妹妹瑪雅（Maja）也說了一件與他的說法相牴觸的事。他的父母並沒有因為他的語言障礙而以為他永遠不會說話，而且：

他兩歲半的時候，得知自己會有個妹妹（瑪雅她自己）能跟他玩，便以為那是種玩具。因為等他看到這個新生的小東西，很失望地問：「好，可是她的輪子在哪裡？」[8]

也就是說，家人相傳小愛因斯坦不會說話的迷思，被這些家人自己破除了。不過我們知道，愛因斯坦的母親覺得他的顱骨方正得古怪，所以打從他出生就很為他擔心[9]，此外男孩總背負很高的期望，長子尤其如此（光是想想在今天，號稱是資優生的孩子有五分之四是男生，就可以見得……[10]），可以想見，這個語言障礙的故事是家人因為擔憂長子而誇大其詞，愛因斯坦長大後雖然跟著附和，卻也提供了一些說法，證明這只是傳言[11]。

放牛生的故事

另一個迷思是說，愛因斯坦小時候資質平庸，數學尤其不好。這似乎又是個愛因斯坦自己到處講的故事，至少有部分是如此[12]。他妹妹的分享似乎能解釋為何會有這種傳說：

大家覺得這孩子資質普通，主要是因為他需要時間思考，不會馬上作答，不符合老師期待的迅速反應。[13]

要知道在那個時代（其實現在也一樣），數學教學很講求「背起來」，而小愛因斯坦並不喜歡：

小學的老師好像士官，體育老師（國高中）好像中尉。[14]

然而這沒有妨礙他成為高材生，而且從幼年起就是了，從他母親在他七歲時寫的這封信（以及很多資料）就看得出來：

昨天愛因斯坦的分數出來了，又是第一名，他的學校成績實在出色。[15]

這裡最引人注意的是那個「又是」——拿高分於愛因斯坦是家常便飯，在後續年間也是如此。他自述在高中時，數學、物理和哲學的表現都是第一。[16]

儘管如此，愛因斯坦在蘇黎世理工學院的入學考試落榜也是事實。不過這位神人忘了提到當年他才十六歲，是年紀最小的應試生之一。隔年他也就考取了。所以放牛生沒通過入學考試的傳說根本是假的，他的資質優異到提早去應試，隔年獲錄取時，年紀依然比大部分的學生都小。

最後，愛因斯坦自述他在理工學院時期「荒廢了數學」[17]，但可別以為他笨，他只是對數學不像對其他學科那麼有熱情，所以沒那麼用功，然而他的程度還是非常好（後面會再談到他的數學成績）。在後續的職業生涯中，愛因斯坦領悟到數學底子好有助於他的研究發展，於是開始認真精進數學。

話說回來，有件事倒是不假：愛因斯坦的學業表現確實優異，卻不是個聽話的「乖學生」。他相當叛逆，這不只害他在少年時惹了麻煩，在理工學院時也因為不尊重教授而吃虧（他直呼一位教授的名字「韋伯先生」〔Herr

Weber〕，而不是學生該尊稱老師的「教授先生」〔Herr Professor〕）[18]。

默默無名的專利局公務員

這樣的行為使他被學術界拒於門外。一九〇〇年，愛因斯坦拿到工程師學位，本該順理成章成為母校教授的研究助理，但即使他多次申請，還是一個職位也沒拿到。於是他開始打零工（當代課老師等等），後來回到父母家住。他的摯友馬塞爾．格羅斯曼（Marcel Grossmann）向父親透露愛因斯坦的困境，於是他父親透過人脈，在一九〇二年幫愛因斯坦找到一分瑞士專利局的工作。

首先，再度不同於我們常有的想像，這不是偶爾往文件上蓋蓋章就好，而是一份高度技術性的工作，負責核可（或駁回）專利申請。這不只要懂得讀技術文件（有些故意寫得晦澀難懂以求蒙混過關），也要對既存的類似專利有所了解。所以說，優異的能力和科學素養是不可或缺的。

其次，愛因斯坦絕對沒有放棄研究。專利局工作是為了糊口，讓他能同時撰寫在一九〇五年通過答辯的博士論文，以及多篇使他成名的文章。後來他幾經波折，總算先後拿到瑞士伯恩大學和蘇黎士大學的教職，其間愛因斯坦都持續在專利局工作。

所以說，愛因斯坦在傳說中是個默默無名的小公務員，藏身在滿是灰塵的辦公室裡翻轉科學，實際情況差得遠了。現實其實比較有趣，在我們這年代也沒有兩樣：學術界是個很難擠進去的江湖，內部政治問題往往很磨人，薪資也與學者累積的知識高度不成正比——這也是他直到一九〇九年才辭去專利局工作的原因，那時他獲聘為蘇黎世大學的教授，後來又轉任布拉格一所大學。歷經將近十年，愛因斯坦的學術地位和收入才足夠穩固，使他能辭掉那份糊口工作。

學術界有時既不公平又殘酷，愛因斯坦想必也苦苦奮鬥過，何況家裡也沒辦法供養他（當時他們家深陷財務困境）。不論當時或現在，都有很多博士生在速食店炸薯條，在高中當「窮老師」，愛因斯坦則拿到一個對念科學的人來說很有趣的職位，讓他有餘裕從事教學和研究。

然而，這樣的傳說很快吸引了社會大眾。愛因斯坦在一九五五年過世時，《紐約時報》（*New York Times*）就特別加以著墨：

人類站在小小的地球上，看著天上的繁星、波動的海洋、隨風搖曳的樹木，不禁心生讚嘆。這一切有什麼含意？又是怎麼發生的？三百年來最教人反覆思量的自然奧祕，隨著亞伯特．愛因斯坦離世了。……一九〇四年，愛因斯坦是個年方二十五歲的無名青年。每天傍晚，他都在瑞士伯恩街頭推著嬰兒車，不時停下腳步，無視周遭人群，埋頭用兒子的嬰兒車當墊板，在筆記本上草草寫下幾個數學符號。……愛因斯坦博士，瑞士政府專利局卑微的審查員，就這麼在結束每天例行工作之後，偷空建立起這個宇宙。[19]

這畫面是如此深具故事性，讓人不禁想要相信，也備感安慰：我們或許也一樣，能在卑微又無聊的工作中翻轉世界？

原子彈之父？

一九四六年七月一日，英國知名的《時代》（*Time*）週刊以愛因斯坦作為封面人物。他身後有一朵原子彈爆炸產生的蕈狀雲，雲裡寫著那知名（且近乎魔術）的方程式：$E = mc^2$。他的肖像下方寫著：

COSMOCLAST EINSTEIN

All matter is speed and flame

意思是：「愛因斯坦，世界的毀滅者。一切物質都是速度和火焰。」歡迎來到末日後的世界，這都是愛因斯坦的功勞！

他們更在內頁直指：

愛因斯坦沒有直接參與原子彈的研發，但因為兩大原因，他依然堪稱原子彈之父。一、他的倡議推動了美國的原子彈研究；二、他的方程式（$E = mc^2$）使原子彈在理論上可行。[20]

愛因斯坦發明原子彈的傳說至今仍深植人心，但事實顯然不是這樣。我們先來解釋《時代》說的第一點，就從一九三九年八月二日，愛因斯坦寫給時任美國總統富蘭克林・羅斯福（Franklin D. Roosevelt）的信說起：

總統先生鈞鑒：

費米（E. Fermi）和西拉德（L. Szilard）[①]的近期研究以手稿形式交到我手中，我在拜讀後預估，在短期內，鈾元素或許就能被轉換成一重要的新能量來源。針對此一狀況，我們似乎得審慎面對其中的某些面向，且若有必要，政府應迅速採取行動。因此我認為我有責任向您提報以下事實與建議。

過去四個月以來，法國約里奧（Joliot）與美國費米和西拉德的研究已經顯

① 譯註：這兩位物理學家後來都參與了曼哈頓計畫。

示——我們或能使用大量鈾元素引發核子連鎖反應，生成巨大的能量和大量類似鐳的新元素。現在我們幾乎可以確定這在短期內就能實現。

此一新現象也可用於製造炸彈，可以想見（然而不確定性高出許多）威力極強的炸彈能以這種方式製造出來。光是一枚這類炸彈，由船承載並在港口引爆，整個港口及鄰近區域極可能被摧毀殆盡，然而這種炸彈很可能過於笨重而無法空運。

美國只有產量不豐且品質欠佳的鈾礦，加拿大與昔稱捷克斯洛伐克的地區則有品質優良的礦產，至於最重要的鈾礦來源位於比利時屬剛果。

有鑑於此，政府宜與美國研究連鎖反應的物理學家群保持密切聯繫。可能的作法是由您將此一任務託付給一位您信賴的代表，且或許以非官方身分進行。

他的工作或可包含以下職責：

Ⓐ接洽政府部門，告知後續發展並提出政府行動建議，並特別關注美國如何獲取鈾礦的問題。

Ⓑ相關實驗工作目前只在大專院校實驗室的預算範圍內進行，若有需要，透過他與願意出力的私人聯繫，獲取資金以加速工作腳步，或由他居中促成，與擁有必需器材的業界實驗室合作。

就我所知，德國已停止對外出售他們佔領的捷克斯洛伐克鈾礦礦產。他們這麼早就有此行動，原因或許是該國國務祕書馮．魏茨澤克（von Weizsäcker）之子任職於柏林威廉皇帝研究院（Kaiser-Wilhelm Institute），而他們正在重複美國的鈾研究工作。[21]

愛因斯坦是德裔猶太人，在希特勒當權後流亡美國，任職於普林斯頓大學。他會寫這封信，是因為西拉德和尤金．維格納（Eugene Wigner，後來在一九六三年獲諾貝爾物理學獎）說服了他。當年一月，西拉德在哥倫比亞大學做了實驗，證明核子連鎖反應是可能的。在此幾週前，一九三八年十二月，奧托．哈恩（Otto Hahn）剛在柏林的威廉皇帝研究院（愛因斯坦在信中提過）發現了核分裂現象。哈恩是愛因斯坦的朋友，向來反對迫害猶太人，後來在一九四四年榮獲諾貝爾化學獎。在這兩項重大發現之間，莉澤．邁特納（Lise Meitner）[2]也證明鈾分裂能釋放巨大能量。

當時愛因斯坦是國際知名人士，一來是因為相對論引發的負面迴響（後面會提到），二來是他在一九二一年得到諾貝爾獎。於是他基於維護和平的理念，接受了寫信籲請羅斯福總統的任務。那封信由三個人共同執筆（愛因斯坦、西拉德、維格納），但信末只有愛因斯坦署名。

雖然如此，當初沒人料到 $E = mc^2$ 會用於這個目的。一九〇五年，愛因斯坦在開發這條公式時，我們還沒發現原子核可以分裂，也不知道有連鎖反應。所以愛因斯坦在一九三四年宣稱質能轉換純屬空想[22]，因為沒有任何技術辦得到。由此可見，從愛因斯坦著名的方程式到原子彈，中間歷經了重重階段。說愛因斯坦是原子彈之父，就好像說發明磨坊的人是義大利麵之父。

至於愛因斯坦參與研發原子彈的說法則純屬虛構。美國會啟動曼哈頓計畫，他寫給羅斯福那封信確實是一大原因，然而愛因斯坦並非計畫成員。他不是核子物理學家，又過於堅守社會主義立場，不適合涉入與國家安全如此息息相關的計畫。

②譯註：一八七八年—一九六八年，奧地利—瑞典原子物理學家。發現鏷和核分裂的主要貢獻者之一。

相對論：愛因斯坦對決龐加萊？

關於愛因斯坦的迷思，最後一個重點與那知名的 $E = mc^2$ 有關。有人懷疑這條方程式，更廣泛來說也就是相對論，作者另有其人：不是愛因斯坦，而是法國的數學和物理學家龐加萊。我在這裡不是要探討這個問題，也不是要談相對論重要性的技術細節，而是要指出這個說法有哪些地方可能不可靠。

首先，在一九〇五年，愛因斯坦寫了多篇極為重要的論文。第一篇在三月發表，他以馬克斯．普朗克（Max Planck）不久前的研究為基礎，確立了光電效應定律和光的粒子性與波動性。愛因斯坦在一九二一年獲得諾貝爾獎，憑的就是這項研究，而不是相對論。第二篇論文發表於五月，與布朗運動③有關，並以理論證明原子和分子的存在。第三篇論文於六月三十日投稿，九月二十六日刊出，內容重點之一就是相對論。簡而言之，這是非比尋常的一年，世人暱稱為「奇蹟年」（annus mirabilis）。不論我們是否認為他是相對論之父，這都能肯定愛因斯坦是一位偉大的學者。

然而有人並不這麼認為。就我們的主題來說，以下是主要爭議所在[23]。從一九〇二年起，龐加萊已經發展出相對論的核心概念，並在《科學與假設》（*La Science et l'hypothèse*）一書中加以剖析。就我們所知，愛因斯坦不只讀過這本科普書，還愛不釋手[24]。此外，龐加萊在一九〇四年提出一個原理，被愛因斯坦拿來作為他個人理論的前提。最後，到了一九〇五年六月五日，愛因斯坦投稿那篇相對論論文的三週前，龐加萊做了一些數學運算，而這些運算也出現在愛因斯坦的論文中。

③ 譯註：粒子在流體中的不規則運動。

愛因斯坦有沒有抄襲龐加萊並不重要，相對論在當時是熱門主題，他們很可能在同一時間發現了相同結果。有人還認為，龐加萊可能不完全了解自己的發現有多重大，愛因斯坦卻看出來了，並發揮了其中巨大的潛力——有趣的是，後來在一九〇五年六月，愛因斯坦宣稱他不曉得某些研究的存在（其中一些是龐加萊的），即使他應該審過（所有科學期刊都得做的事）一篇把這些研究明確列為參考資料的論文。另一個值得注意的地方是，即使當時已經有許多相關研究，愛因斯坦那篇論文沒有提及任何相同主題的論文，而照理他必須告知期刊他所參考的科學文獻——愛因斯坦一定很清楚，因為他審過很多論文。愛因斯坦似乎想顯示他的理論是從零建立的，有點像牛頓和他那顆蘋果的故事（見第一章）。或許他是擔心，要是引用同期學者的作品，發明相對論的功勞就不會算在自己頭上——不論這理由說不說得過去，對世人來說其實都無關緊要。

被除名的米列娃？

愛因斯坦跟龐加萊的爭議並非唯一一樁。根據俄羅斯物理學家阿布拉姆·約費（Abram Ioffe）的一段文字，愛因斯坦在一九〇五年發表的三篇重大論文，在原稿中的作者署名是愛因斯坦和「馬利蒂」（Marity）。馬利蒂，另一個拚寫法是馬利奇，是愛因斯坦的妻子米列娃的娘家姓氏。這麼說來，她其實是這三篇論文的共同作者了（愛因斯坦憑第一篇拿到一九二一年諾貝爾獎，在第三篇提出相對論）。

總之，塞爾維亞物理學暨數學家德桑卡·圖布赫維—古佳麗（Desanka Trbuhovic-Gjuric）在一九六九年出版了《在愛因斯坦的陰影下》（*Dans l'ombre d'Albert Einstein*）[25]，探索米列娃的生平，她就在書裡堅持這個立場。這本書拋出他們夫妻是論文共同作者、米列娃未獲公正評價的想法，在今天被很多書籍文章大力轉述。

如今那些論文的原稿已無處可尋，我們無法分析筆跡或查看作者署名。而且就像圖布赫維—古佳麗寫的，當年愛因斯坦一拿到諾貝爾獎馬上回到蘇黎世，把獎金全數交給米列娃，可見愛因斯坦顯然認為功勞不在他，而是米列娃。所以愛因斯坦得處理的那些高深方程式，就算不是全出自米列娃之手，至少也有她幫忙解決。根據圖布赫維—古佳麗，在學生時代，米列娃的數學比愛因斯坦好多了。

米列娃和愛因斯坦在蘇黎世理工學院相遇，米列娃又是史上頭幾位通過該校招生考試、獲入學資格的女性，所以她的才智是無庸置疑的。然而，愛因斯坦真的需要她幫忙算數學嗎？為什麼這些論文最終出版時只由愛因斯坦署名？米列娃是否被剝奪了量子論和相對論之母的身分？

我們當然這麼希望了，因為我們想要大家看見那些未獲應有重視的女性，此外也單純因為這很勁爆，我們就愛這款趣聞。但還是得證實真有其事才行。

首先，來看看約費究竟是怎麼寫的，因為我們常常只引用個大概。也就是說，魔鬼藏在細節裡：

對物理學來說，尤其是我這個世代、與愛因斯坦同期的物理學界，我們絕對忘不了愛因斯坦是怎麼躍上科學舞台的。一九〇五年，《物理年鑑》（*Annalen der Physik*）刊出三篇論文，催生了二十世紀物理學的三大學門：布朗運動論、光子論，以及相對論。這幾篇論文的作者在當時是個無名小卒：伯恩瑞士專利局職員愛因斯坦—馬利蒂（Einstein-Marity）（馬利蒂是他太太娘家的姓，照瑞士習俗加在夫家的姓之後[26]）。

首先，這段文字並不會讓人覺得論文作者有兩個人。約費只寫了單數的「作者」、「在當時是個無名小卒」。他又解釋論文作者是依習俗使用雙姓，並不是共同署名。此外，不同於常見的說法，約費並沒有說他看過論文原稿，事實上他也幾乎不可能看過[27]。最後，約費在另一段文字中清楚指出作者只有愛因斯坦一人。所以目前看來，這段證詞（寫於那些論文刊出的五十年後）並不會特別讓人以為有共同作者這回事。要是約費真的這麼認為，理應為這個想法明確辯護才對，但他從來沒有這麼做。所以說，這肯定是圖布赫維—古佳麗過度解讀而產生的想法。

話說回來，米列娃跟愛因斯坦是同一所名校的學生，年紀又比他大，感覺她有能力幫愛因斯坦突破難關。然而，要是來看他們的在校成績，愛因斯坦的數學顯然比她好很多。例如在中級考試中，米列娃在滿分六分中拿到的平均分數是五．〇五，相當不錯，但她的分數被兩項幾何學考試的成績拉低了，反觀愛因斯坦（根據他自己的說法，當時他沒很認真念數學）卻拿到了平均五．七分（同屆中最高分），也別忘了，愛因斯坦比米列娃早一年考這些試[28]。此外，米列娃也沒拿到理工學院的學位，一大原因就是數學成績不佳。

這些成績並沒有否定米列娃的科學能力，她是有工程師和物理學家的資格，但要說她幫了放牛生愛因斯坦一把，就教人難以置信了。此外，這對夫婦有個數學家朋友寫道，米列娃極少參與愛因斯坦所屬學生團體的腦力激盪，而愛因斯坦格外用心研讀龐加萊的作品，這也成為他理論思考的養分。[29]

最後是諾貝爾獎獎金的問題。[30]這對夫妻在一九一五到一九一六年間離異，愛因斯坦在一九一八年二度申請離婚，這回終於塵埃落定。米列娃基於幾個理由，提出財務補償的要求：她為了養育子女完全放棄個人職涯；愛因斯坦長年對她不忠（他在離婚生效三個月後就再婚了）；她得有足夠的錢為兒女的未來打算，尤其他們有個兒子身患精神疾病。所以他們針對財務安排做了討論，但情況十分複雜，因為當時德國馬克對瑞士法郎的匯率變動非常劇烈。於是他們想到這個辦法：假如愛因斯坦拿到諾貝爾獎（果然在僅僅三年後成真），獎金可納入補償協議。於是愛因斯坦先把四萬瑞士法郎存入米列娃名下的瑞士戶頭，她可以收取利息。等他拿到相當於十二萬瑞士法郎的諾貝爾獎獎金，再存入八萬，與四萬頭款合計就等於全額獎金了。所以這顯然不是為了誰的學術功勞大、諾貝爾獎又該頒給誰在討價還價（題外話：之前諾貝爾獎曾兩度頒給同一位女性，也就是瑪麗・居禮。詳情見第三章），比較像是愛因斯坦透過財務操作，在某種程度上（面對太太和兒女）彌補對家人的虧欠，並買回自由之身。

於是乎，傳說中米列娃被除名，或至少是那些為她辯護的說法，可信度不高，也說不上有讓人感覺能合理相信的陰謀，相反的說法反而比較有道理。在這裡我們為了讓米列娃出頭，很容易會不顧一切，冒了扭曲事實和引文的風險。

因為我們會覺得，大科學家的太太想必也是大科學家。這有點像希拉蕊．柯林頓（Hillary Clinton）在二〇一六年競選總統失利，之後很多評論家說：「下次蜜雪兒．歐巴馬（Michelle Obama）得出來選！」（好像在民主黨的活躍女黨員中，除了前總統的太太就沒別人了）。

偉大男性的太太肯定也是人才，但無名小卒的太太、沒有男伴的女性，同樣可以很傑出。與其堅信米列娃是個活在愛因斯坦陰影中的天才，而她顯然並非如此，更好的作法，或許是為我們很確定是大科學家的女性提升能見度，例如希帕提亞（見第六章）、沙特萊（見第十一章），以及其他許多人。她們本應在自己的時代大放異彩，後來卻被男性重寫的歷史遺忘。我們絕對有理由優先恢復她們的地位。

米列娃自己的故事也很有趣，但有不一樣的含義。米列娃不是個大科學家

（她既沒發表過論文，也沒完成高等教育），而愛因斯坦絕對難辭其咎，因為他極力勸阻太太發展職涯與獻身科學，儘管她曾為此努力過，躋身當時考進理工學院的極少數女性之一。原本她有望成為下一個瑪麗．居禮，可惜愛因斯坦絕不是皮耶．居禮。因此，與其希望米列娃是那個她並不是的人（那些論文的共同作者），更適當的作法，或許是把她視為負面效應的受害者。這種效應到了今天還是難以根除：因為至今仍根深蒂固的偏見，以及往往僵化又無情的差別待遇，害得女性在研究和母職[31]、工作和女性身分之間左支右絀[32]。

學者，叫好不叫座？

愛因斯坦的高人氣也帶來很多迷思，而這並不令人意外。原子彈的迷思凸顯世人對科學的一大誤解：以為理論物理的數學方程式就是應用物理的魔術方程式，可以拿來解決現實問題。說他是有如自閉兒的放牛生迷思，雖然安慰人心，卻教人遺忘了愛因斯坦其實是個活潑開朗、善於社交的人。他也很關心一些與物理理論大不相干的議題，例如戰爭和社會問題：

我認為階級差異並不合理，唯有暴力統治才會造成這種現象[33]。為何少數的一小群人可以為了滿足私慾而奴役廣大人民，而人民從戰爭得到的只有苦難和貧困？……我想到的第一個答案是：當前這群少數的統治階級，首先掌握了學校和媒體，宗教機構也幾乎總為他們所把持。他們透過這種方式支配並引導人民的觀感，使人民成為他們盲目的工具。[34]

就像同是諾貝爾獎得主的伯特蘭．羅素（Bertrand Russell）所說，世人未必聽得見學者的話，也未必想聽。我們會把這麼多迷思和傳說加諸於愛因斯坦，這個學者的典型象徵，這想必是原因之一。這是學者型人物的一大問題：他們能成為國族主義的工具、軼事和迷思的來源，供人解悶並帶來安慰，更能用來合理化某些行動，他們說的話卻沒人要聽（意思不是對他們言聽計從，只是聽取他們的意見以求慎思），或只聽片面。羅素在一九三二年如此寫道：

> 各國政府都不樂見戰爭，也都在一九一四年以前，執意阻撓一切可避免戰爭爆發的措施。但願在為時已晚之前，一般民眾能領悟自救的必要之道，拯救他們和他們的孩子免於無辜慘死。……有些像愛因斯坦這樣的人，道出了戰爭明顯的真相，卻沒人聽進去。當愛因斯坦說的話難以理解，我們認為他智慧過人；一旦他說起常人能懂之事，我們就認為他喪失了智慧。我們會有這荒謬的處境，各國政府是罪魁禍首。比起讓自己被排除在國政之外，政客似乎寧願親自帶領國家走向毀滅。[35]

CHAPTER 9

在彩虹那端……

面對彩虹，我們沒有野蠻人那種崇敬之情，因為我們知道彩虹是怎麼來的。我們透過追根究柢得到多少，也就失去多少。[1]

——馬克吐溫（Mark Twain）

彩虹有七個顏色——兒歌是這麼唱的，我們大部分也是這麼畫的，這都是因為牛頓還有在他之前的畢達哥拉斯。更精確地說，這源於一個從古典時代就開始流傳的迷思，說的是畢達哥拉斯如何發現音樂的數學性。在古典時代，畢達哥拉斯傳記作者楊布里科斯（Jamblique）如此描述：

一回，他想研發一種可靠耐用的儀器來輔助聽覺，就像輔助視覺的羅盤和尺，又或者——宙斯在上——屈光鏡，以及輔助觸覺的天平和測量系統。正當他沉浸在思考和計算中之際，天緣巧合，他經過一家鐵鋪，聽見槌子在鐵砧上敲打鐵塊的聲音。那聲音此起彼落，交織起來十分和諧，只有兩個音配在一起頗為刺耳。他聽出這兩個音是八度音程和弦裡的第五音和第四音。……他喜不自勝，看來諸神助他實現了心願。他走進鐵鋪，在試了多次後發現音高是隨鐵鎚的重量變化，既不是敲打的力道，也不是被敲打的鐵塊形狀如何。他取了一些重量與鐵鎚一模一樣的金屬塊返回家中，把一個特別的支架垂直釘在牆上……繃起四根相同材質、等長等粗，也以同樣方式絞成的弦。確定每根弦確實等長後，再分別吊住一枚金屬塊。接下來，他輪流成對撥動那些弦，發出他之前聽見的和聲，不同弦配對所得的和聲都不同。[2]

首先要澄清的是，當時所謂的傳記作家，意義和現在不一樣（在伽利略和牛頓的時代也是，見第一章與第五章）。傳記主要是供人緬懷有如神話人物的大師，而不是針對他們的生平做嚴謹的考證記錄。這是為了讓年輕人有個追隨的典範，大家也知道那經過刻意美化。此外，楊布里科斯寫那本傳記的時間是畢達哥拉斯死後約八百年，與其說那是畢達哥拉斯生平的翔實紀錄，不如說是關於他的傳說集錦。

因為音樂數學理論應該不是畢達哥拉斯本人建立的，而是在他身後不久的畢達哥拉斯學派門徒，可能是菲洛勞斯（Philolaos de Crotone，順道一提，他認為火是最重要的元素，太陽應該是世界的中心，從而暗示了地動說。這個點子後來被哥白尼借用，見第七章），或是阿爾庫塔斯（Archytas de Tarente，柏拉圖的死黨）。

瞎掰的科學實驗

不過看到這位傳奇人物提出這麼科學的想法，還是很有趣：為了掌握一切現象，我們得研發儀器，在這裡是用來測量聲音與和聲。據說畢達哥拉斯就這麼打造了自己的樂器，以砝碼繃弦，用來證明整數與音符間有某種關聯：

他聲稱，用最重和最輕的砝碼繃緊的兩條弦，音高相差八度。因為一條吊著重十二單位的砝碼，另一條吊著重六單位的砝碼，於是他定義八度音的音高關係是兩倍，如同砝碼本身重量所示。接著他又證明吊掛最重的砝碼和第二輕的砝碼，也就是重八單位的砝碼，兩弦發出的是五度和聲。[3]

五度指的是例如fa到do、do到sol的音高距離。這個「畢式音程」一直被使用到十八世紀，並遵循「五度循環」的原理。意思是，如果我們隨機挑一個音（例如fa），往上數五個音，再往上數五個音，如此重複十二次，就會回到一開始的音[4]。fa的五度音是do，下一個五度音是sol，sol的五度音是re，接下來依序是la、mi、si、fa#、do#、sol#、re#、la#，然後又回到一開始的fa。這是為什麼譜號中的升記號註記順序是「fa、do、sol、re、la、mi、si」，因為這是它們在五度循環中出現的順序。

而這一切原來都與數學有關係：畢達哥拉斯的實驗顯示，五度音之間的比例是 12/8，通常化約為 3/2，八度音之間的比例是 12/6，化約為 2/1。這些數學細節並不重要，我們感興趣的是，這個實驗其實是則迷思。因為這些音之間就算真有這種數學關係，畢達哥拉斯（或他的門徒）也不可能是憑這個方法找到的。要是我們使用楊布里科斯所說的砝碼，也就是古代素描小插圖經常描繪的那種，畢達哥拉斯彈這些被砝碼繃緊的弦（砝碼分別重六、八、九、十二單位），只會得到彼此不和諧的音。

這些弦真要發出八度和五度音（還有四度音，如果要使音程完整的話），砝碼的重量應該要等於一、四、九、十六單位。其實，我們要是真的用吊掛重物的方式繃弦，弦的振動頻率應該與重物重量的平方根成正比，而不是像所有古代文獻所寫的重量本身。十七世紀時，荷蘭偉大的數學、物理和天文學家惠更斯熱愛音樂，他就更正了這個實驗的砝碼重量，總算證明相關敘述純屬虛構。[5]

所以這段敘述的每個細節都是迷思：打鐵舖實驗（絕對從未有過）、虛構人物（發現和聲數學性質的人不是畢達哥拉斯）、虛構證明（這個實驗在實際上並不可行）。好個一石三鳥！

有趣的是，這個砝碼重十二、九、八、六的實驗雖然是假的，卻符合一個在現實中可能發生的物理和數學現象：我們不必說畢達哥拉斯用砝碼繃弦，只要改說他用了不同長度的弦，分別是十二、九、八、六公分，就可以了。這麼一來，實驗應該就做得出來。可是他掛砝碼的畫面比較符合打鐵舖的故事場景，說起來也比較動聽。

於是乎，這則傳說打從一開始就出現了基於美學考量，強迫故事情節符合理論的手法。張冠李戴，而彩虹也是這麼一回事。

牛頭接馬嘴的藝術

一六六四年，牛頓對光學產生興趣，那年他二十二歲。在那個時代，世人認可的光學理論仍以亞里斯多德的概念為基礎：白光純粹且均勻，色光是變質的白光。但牛頓注意到光線穿過稜鏡時，會從另一端散射出彩虹般的色光，於是他決定動手做實驗。他在窗戶的遮陽板上鑿了個小孔，讓穿越的光束通過一枚稜鏡，接著做了各種運算，得到許多光學史上的重大結果，尤其是這個概念：色光不是變質的白光，而是本來就蘊含在白光之中。稜鏡並沒有製造顏色，只是分離出那些顏色。

與牛頓其他重要的研究成果相較，我們感興趣的部分比較冷門：彩虹的顏色（又有幾個顏色）。一六七二年二月八日，他在一封於皇家學會會議公開宣讀的信中提出初次報告：

所以色彩有兩種。第一種是純粹的原色；另一種是原色的混和色。原色（基本色）有紅、黃、綠、藍、紫。至於橙色和靛色是介於原色間不明確的漸進色。[6]

一六七六年，牛頓在皇家學會二度宣讀光學報告，並進一步說明：

彩虹的顏色或許可依其主要色澤加以區分，也就是紅、橙、黃、綠、藍、靛、深紫，就像八度音程分成不同音高。[7]

這兩段文字有個差異：他提到橙色和靛色的方式[8]。在第一段文字中，這兩色是在五個原色之後才被提到，而且沒有用斜體書寫，好像是用來額外補足基本的五原色。然而在第二段文字中，這七個顏色依照我們在彩虹中看到的順序寫出，我們也能馬上看出這跟音樂（八度音程）的關聯。

八度音程（例如從do到do的距離）的確包含七個音，跟鋼琴的白鍵一致，也就是相傳由畢達哥拉斯定出的「fa、do、sol、re、la、mi、si」七音，我們通常習慣照「do、re、mi、fa、sol、la、si」的順序來唸。牛頓顯然為聲音理論和光學理論建立了平行對照的關係。[9]

一七〇四年，牛頓出版了代表作《光學》（*Opticks*），針對這個主題做了最深入的運算分析，我們也終於了解他為何拿色彩與音符類比。說到牛頓用稜鏡將彩虹散射在牆上後，他如何試著測量每種顏色的寬度，他是這麼寫的：

為了了解各個光環上的顏色如何交疊，……假設不同直徑的光環由最外側的紅色開始，逐漸轉為紅與橙相交，橙與黃相交，黃與綠相交，綠與藍相交，藍與靛相交，靛與紫相交，再到最外側的紫色，也就是說，與八度音程各單音間的差距呈相同比例。[10]

這下很明顯了：基本上，要把聲音的數學理論和光學研究扯在一起，毫無理由可言。牛頓用「假設」一詞給自己開方便大門，不必解釋也能隨意拋出想法。牛頓只是一廂情願地覺得這主意不只很美，更合乎他的期望：跟音樂扯上關係很完美，因為用現代說法來講，這證實了所有物理現象都有共通的數學DNA（上帝有如數學家，別忘了彩虹在聖經裡是神聖的象徵[11]）。順道一提，在牛頓那個時代，已知的行星恰好也是七個[12]。牛頓在書中的結論也強調這種一致性：

> 在這些例子裡，自然萬物的運行顯然極為單純，且總與彼此相符。[13]

所以這既不是做物理實驗得到的結果，也不是用數學推導的結論，而是刻意將物理事實擠進既有的神學框架，但兩者根本八竿子打不著。

彩虹的顏色數量就這麼成了七個，但以前可不是這樣。當亞里斯多德討論混合顏料能得到什麼顏色，他是這麼寫的：

……紅色、綠色和藍色不能藉由混色得到；這些是彩虹的顏色。介於紅色和綠色之間的部分往往呈黃色。[14]

所以他認為彩虹有四色，其中三個是原色（不是前面牛頓引言說的那個意思，而是一般調色慣用的說法）。有些人還看到別的顏色：《維也納創世紀》（*Vienna Genesis*）是基督教聖經《創世紀》書的一部希臘文手抄本，可能來自西元六世紀的敘利亞，現典藏於奧地利維也納。裡面有一幅神與諾亞締約的插圖，畫面中有一道彩虹，由低至高的顏色分別是紅、粉紅、模糊的土黃、綠、模糊的藍[15]，算起來共有五色，而這是中世紀慣用的畫法（但未必是這五色）。

在一六三六年，仍早於牛頓的年代，彼得・保羅・魯本斯（Pierre-Paul Rubens）[1]畫了《有彩虹的風景》（*The Rainbow Landscape*），彩虹的顏色由低至高分別是橙、藍、土黃。到了約一八一〇年，《光學》出版的一百年後，卡斯巴・大衛・弗里德利希（Caspar David Friedrich）[2]畫了一幅《有彩虹的山景》（*Mountain Landscape with Rainbow*），他的彩虹顏色是藍、綠、黃、橙、紅。

你要是親眼觀察彩虹，會發現很難看出牛頓定義的顏色。原因很簡單：彩虹涵蓋一切可見的色彩，所以有無限多色。我們是能刻意分成幾類顏色，但分成七色實在很不自然。

成全理論，還是成全自然現象

彩虹有七色的概念進入了大眾文化，而這概念之所以有趣，正是因為不符合大家的觀察。這一點本身不是很嚴重，畢竟科學發現往往與日常印象相抵觸（想想這個例子就好：地球竟然繞著太陽轉，而不是反過來）。然而牛頓在這裡硬要說彩虹有七色，不是根據科學發現，而是刻意想跟一個毫無關聯的理論沾上邊。

所以牛頓抱持的是一個成全某項理論的立場。我們甚至能說那是一種總體論：我們應該統一所有的物理理論（至少是光學和聲音的理論），使它們能以彼此為喻。為了成全這個總體論，即使牛頓的研究根據是強大的運算和數學，他還是側面延伸出一條與科學互相牴觸的科學神智學路線。

①譯註：一五七七年—一六四〇年，法蘭德斯畫家，巴洛克畫派早期的代表人物。
②譯註：一七七四年—一八四〇年，十九世紀德國浪漫主義風景畫家。

在科學哲學中，牛頓有句知名的引言，最初是在《數學原理》（*Principia Mathematica*）中用拉丁文寫的，後來成為一句實在的格言：「hypotheses non fingo」（我不捏造假設）。意思是，一個好的科學家只會以自己觀察得到的現象為根據，不添加憑空想像來解釋的想法：

> ……我不捏造假設。不是根據實際現象推導所得的，都得叫做假設。而假設不論是形而上的、物理的、關乎神祕學或機械論的，都不容於實驗哲學。[16]

但我們必須指出，關於彩虹，牛頓捏造了一個充滿侷限的強制性假設，創造出音樂數學論和光學論的連結，以成全他私心想達成的總體科學論，卻沒有任何合理的解釋。

科學研究不是為了成全理論。如同科學哲學家卡爾·波普（Karl Popper）

所言，我們認為某個理論真確無誤，是因為我們還沒證明它有誤。所以理論只是暫時被接受，如同被判緩刑，而科學研究的目的應該是考驗理論，用難題加以測試，以了解理論的侷限何在，而不是不計代價地加以成全。科學尤其不是為了成全某些象徵，象徵只是理論的產物。所以說，即使音階有七個音、在牛頓的時代有七大行星，都不足以成為彩虹也該有七色的理由。我們是能這麼盼望，畢竟這樣的巧合太美好了，不過這依然只是巧合，因為主導音樂或色彩的不是數字七本身，而是更深層的因素。如同亞里斯多德所說：

母音有七個（就古希臘文而言），八度音程有七音，昴宿星團有七星，人在七歲時換牙（或早或晚），攻底比斯的有七將[③]。這是因為數量自然會呈現七個，所以昴宿星團有七星？至於攻底比斯的有七將，是因為有七道城門，還是

③ 譯註：古希臘劇作家艾斯奇勒斯的悲劇作品，講述底比斯的兩位王子為爭奪王位，自相殘殺而死。

別的原因？我們算出昴宿星團有這麼個星數，又說大熊座有十二星，其他人數出來的數目又更多。……他們（畢達哥拉斯學派的信徒）就像古代的荷馬譯者，只看見小處的相似，而忽略了整體。[17]

這段話完美指出牛頓屈服於什麼誘惑，因為亞里斯多德不只提到八度音程、我們有時認為是宇宙象徵的數字七，也提到畢達哥拉斯的門徒，也就是牛頓意圖仿效的聲音數學論。

科學是為了成全自然現象：不是強迫自然現象符合理論，而是反過來根據自然現象建立理論，以求了解自然現象，也就是我們觀察得到的事物，不論是明顯可見的現象，或這些現象直接與間接造成的後果。

這個定義出自古羅馬歷史學家普魯塔克，後來在科學史上變得很有名，起因是古希臘的阿里斯塔克革命性的地動說。阿里斯塔克認為地球繞著太陽轉，因為最明顯可見的現象（我們看見太陽繞著地球轉）雖然讓人以為是反過來才對，但根據其他許多現象所做的推論，地動說其實更有力，因為這比較能解釋那些現象。於是普魯塔克如此評論阿里斯塔克：

> 他為了成全自然現象，試著提出天空靜止的假說，是地球在沿著黃道轉動（繞著太陽），也繞著自己的軸心自轉！[18]

在本章開篇引言中，馬克吐溫幽默地說科學使我們得到知識，但也害我們喪失神奇的感受。我們不得不說，牛頓可沒有完全放棄彩虹神奇魅力的意思：在這門近乎神聖的科學中，他保留了一種信仰的神奇特質。

即使在今天，不論是關於科學、政治，或茶水間的閒談，我們都能從牛頓身上學到一個教訓：要是這麼個科學天才都會順從自己的渴望行事，而不是根據事實，我們恐怕也免不了被個人信仰左右，而不自覺地變得不誠實。

漂白歷史

彩虹有七色的迷思，不只關乎它有幾個顏色，也關乎是誰率先對這個自然現象提出科學解釋。牛頓想必很清楚，達爾馬提亞（Dalmate）的馬可・安東尼奧・德・多明尼斯（Marco Antonio de Dominis）、法國的勒內・笛卡兒（René Descartes）都解釋過彩虹。但我們都忘了，在中世紀的阿拉伯世界，穆斯林學者早就研究彩虹很久了，並成功以幾何學完美證明彩虹的原理。

這裡很快講一下這段歷史[19]：十一世紀初，伊本・西那（Ibn Sina，西方慣用的拉丁文名字是阿維森納〔Avicenne〕）證明彩虹不是雲朵反射陽光，而是水滴反射陽光的結果，一反希臘人的想法。幾年後，伊本·海什木（Ibn al-Haytham，拉丁文名字是海桑〔Alhazen〕）又以幾何推導證明裝了水的球狀容器會折射陽光。

最後到了十四世紀初，法利西（Al-Farisi）重拾前人的研究，並且像他身後幾百年的牛頓所做的那般，讓光線穿過一個裝滿水的球狀玻璃容器（等同於稜鏡）。他注意到每道色光都分成兩部分：一部分穿出水球，另一部分被球體後方反射，像鏡子那樣。接著，每道被反射的光線穿出水球時，又被輕微折射。彩虹出現時，水滴的作用正如同實驗中裝滿水的球狀容器。

光線進入水滴時，首先被折射，又從水滴後方被反射，最後穿出水滴時再度被折射。於是法利西這個真正的觀察者總結道，他看到光線被水滴折射到他眼前，但折射出來的高度不一，看起來就像有許多顏色。

這也表示有幾個人觀察，就有幾道不同的彩虹：站在離我幾公尺遠的人，眼睛接收到的光線跟我不同，所以看到的彩虹在空中的形狀和位置會跟我看到的略有不同。總之，彩虹沒有實體，我們是摸不到的。它就像海市蜃樓，之所以存在，是因為我們的眼睛從特定角度接收光線。我閉上眼睛，太陽還是存在，雨滴也是。然而我一閉上眼睛，彩虹就不存在了。

有趣的是，我們畫彩虹的時候只會畫出彩虹，也就是這裡面唯一不存在的東西——我們既不會畫出太陽，也不會畫出水滴，更不會畫出看彩虹的人。然而沒有那個人的眼睛，彩虹不會存在。

值得注意的是，法利西和他的前輩學者做了純粹的科學研究，牛頓的神祕論絕對無法相提並論。法利西的實驗無懈可擊：除了自然現象，沒有別的根據。這些學者的研究的確被多明尼斯、笛卡兒和牛頓超越了——但這是過了幾百年才辦到的？

我們遺忘了這些研究的存在，然而當時這些研究非常重要，也很有名，就連在西方世界也不例外！中世紀的阿拉伯科學在我們現代人眼中，只是介於古希臘與我們之間的一個連字號、只是短短一槓，好像他們只是為我們保管一些手抄本幾百年，又交還給我們。因為我們是高級的歐洲白人，唯一有本事善加運用這些知識的人。現實卻完全是另一回事：阿拉伯科學不只革新了許多領域，例如代數和光學（這裡只舉兩例），也沒有在那些手抄本傳入西方世界以後停止進步。阿拉伯科學在十二和十三世紀之後繼續發展，甚至有學者說他們的研究生產力如此旺盛，歐洲根本看不到他們的車尾燈。當代的科學史研究要想全備，就得重新重視這些被西方世界遺忘的學者。[20]

西方人很容易忘記世界上還有其他學者、別的科學研究方式，是西方科學史可能沒記錄到的。於是我們往往會認為（至少在大眾或半專業文化裡）科學的發源地是希臘。下一章我們會看到，就連古希臘人自己聽到這個想法都會笑出來。

就像馬克吐溫說的，研究科學導致我們喪失神奇的感受，研究科學史也會使我們喪失自我中心主義。幸虧如此！

CHAPTER 10

希臘艷陽下

……希臘奇蹟，史上僅有一次，前無古人，後無來者，影響卻歷久不衰。我指的是一種永恆的美，超越地方或國度色彩。我在行前已經知道希臘開創了科學、藝術、哲學、文明，卻不知道他們的程度有多高。當我看見衛城（Acropolis），彷彿受到天啟……。[1]

——歐內斯特．勒南（Ernest Renan）

勒南是十九世紀法國極為重要的歷史學家，他的著作《耶穌的一生》（*Vie de Jésus*）尤其引發了廣大爭議。這本書企圖從批判性的歷史觀點檢視耶穌和基督教聖經，就跟我們撰寫任何人的傳記、研究任何文本沒有兩樣。把基督信仰去神聖化並以科學方式檢驗，自然引發許多憤慨的反應，但當時不論在法國或國際間，這本書都是數一數二的暢銷書。所以說，要是反傳統的勒南說希臘開創了科學和哲學，想必錯不了。

的確，哲學與科學這兩大學門系出同源，而這起事件常被視為它們的開端：泰利斯預測日蝕。幾何學中的截線定理（Thales's theorem）就以泰利斯命名。我們是從希羅多德（Hérodote）筆下得知他預測日蝕的事蹟：

米底王國與呂底亞王國交戰，雙方勢均力敵。戰爭到了第六年，在某場戰役中，異象驟生，白晝突然轉為黑夜。這個晝轉夜的現象已經由泰利斯預告愛奧尼亞人，他明確指出這在那一年內會發生。當呂底亞人和米底人看到夜晚取代了白晝，他們放下戰鬥，並有志一同，馬上談和[2]。

許多古典時代作家記述了這起事件，細節可能稍有出入[3]，但他們都一致表示預測這次日蝕的人是泰利斯。

那次日蝕的時間（這確實發生過），一般認為是西元前五八五年五月二十八日，世人也往往將這一天視為哲學和科學的誕生日。因為泰利斯，我們開始覺得這駭人的現象（想想丁丁在《太陽神的囚徒》〔Le Temple du Soleil〕這一集裡的反應就好）沒那麼神聖又超乎理性之外，而是可以從科學角度檢視：日蝕是平常的現象，我們不只能解釋，還能預測，也不必勞駕預言家，學者就可以了。也因為這起事件，很多科普書籍文章都會出現這種句子：「西元前五八五年五月二十八日，泰利斯發明了科學和哲學。」

只不過，實情真是如此嗎？我們已經在上一章看到，所有古典時代作者都說畢達哥拉斯拿砝碼做實驗，然而不論在歷史或技術方面，這個實驗都錯得離譜。的確，從十九世紀下半葉起[4]，尤其是二十世紀中期[5]，有人開始覺得泰利斯根本沒有預測日蝕的數學方法。這確實不假：要像我們今天這樣預測日蝕，超出當時的數學和天文學能力範圍所及。

然而，在泰利斯那次日蝕的兩百年前，就有許多楔形文字泥板記載了日蝕預測[6]。古人確實沒有我們現代的數學知識，不過巴比倫天文學家深謀遠慮，記錄下一切天文事件，尤其是日蝕，因為這對巴比倫人來說具有重大的象徵和宗教意義。根據他們自己的觀測和宇宙模型，他們發現一個涵蓋了八十六次日月蝕的周期（四十三次月蝕和四十三次日蝕），為期二百二十三個月（叫做沙羅周期〔Saros〕[7]），等於十八年十一天又八小時。此外他們也注意到，在每個沙羅周期，日月蝕都照同樣順序發生。

不過，他們雖然能預測日月蝕的日期，卻無法預測能觀測的地點，因為周期裡多出那八小時，使得日月蝕發生的時間在每個周期都會延後一些。於是巴比倫人知道，他們預測的有些日月蝕在巴比倫看不到，但確實會發生（在地球上其他地方看得到）。

因為八小時恰巧是一天（二十四小時）的三分之一，每次在連續三個沙羅周期之後，又會從完整的一天開始算起（三個八小時等於二十四小時，也就是整整一天）。所以我們能根據這五十二年又三十四天的循環，相當精確地預測日月蝕的日期。

然而，我們要是細讀希羅多德的文字，他說泰利斯判斷日蝕「在那一年內」會發生，所以與同時代的巴比倫天文學家相較，他的預測還是比較保守。

所以這有兩個可能：泰利斯不是因為欠缺數學能力，所以根本沒預測日蝕，就是他之所以能預測日蝕，靠的是巴比倫人的方法。不論是何者，我們都得承認科學並不是泰利斯的發明。要說泰利斯是我們冠上科學家頭銜的第一個希臘人，沒問題；但以他預測日蝕為由說他發明了科學，並使人類的思維脫離宗教領域、進入科學範疇，就說不過去了（又或許該說是睜眼說瞎話）。

希臘人知道自己欠誰的人情

所以我們現在可以來分析一下這件事：希臘人自己很清楚他們沒有發明科學。例如，當亞里斯多德提到月亮比火星更靠近地球（因為他看見火星消失在月球後面），他說：

對其他星體來說也是如此，這是根據過去與古代的觀察，來自埃及人和巴比倫人。針對每個星體，我們都從他們得到許多值得信賴的指示。[8]

巴比倫人和埃及人證實過的事，亞里斯多德不必再證實一次，因為希臘學者都知道他們的研究，也知道那很可靠。至於數學源自埃及一事，是希羅多德說的：

祭司們說，這位國王將土地分發給所有埃及人，每人得到的都是一塊同樣大小的方形土地。國王命令人民每年繳納佃租，由此獲取收入。要是洪水沖毀某人部分田地，他可以晉見國王，呈報災情，國王會派人視察並測量土地面積縮減多少，按其比例計算來年的固定佃租應減免多少。我認為幾何學就是這麼發明的，希臘人再傳回自己的國家。[9]

我們向來也公認泰利斯是第一個遠赴埃及、帶回數學和哲學知識的人[10]——希臘文獻都說在泰利斯之後幾年，畢達哥拉也去了埃及向祭司學習。波菲利（Porphyre）[①]在《畢達哥拉斯傳》（*Puthagoreios Bios*）裡這麼寫道：

> 他主要是從埃及人、迦勒底人〔巴比倫的民族〕和腓尼基人〔現今黎巴嫩

① 譯註：約二三四年—三〇五年，新柏拉圖主義哲學家。

一帶的民族」學到這門稱為數學的科學。因為自古以來，埃及人就對幾何學極感興趣，腓尼基人精於數字和運算，迦勒底人通天象；至於祭神儀式和日常行止的規戒，則是他聽從祆教祭司教導而習得。[11]

金字塔前的泰利斯

相傳泰利斯算出古夫金字塔的高度，令法老王大為折服。他的作法是把一根棍子插在地上，並使棍影的端點與金字塔影子的尖端疊合。因為泰利斯知道木棍的長度、木棍影子的長度，也知道木棍與金字塔之間的距離，這下只要運用他知名的截線定理算出答案，就能教法老王驚嘆不已了。

想要使人相信有個希臘人跑去埃及指導當地人，這個寓言非常理想，即使實情恰恰相反。要了解我們怎會如此顛倒事實，就得檢視提及泰利斯的古代文獻。[12]

最早的文獻能追溯到亞歷山大大帝的時代，也就是西元前約三二〇年，裡面主要將泰利斯寫成一個很有務實頭腦的人。他被描繪成睿智的政治顧問，為愛奧尼亞人（住在現今土耳其沿岸的希臘殖民地）提供許多建言，並鼓勵他們結盟。[13]他也被描寫成一個精明的企業家，在淡季時租下米利都和希俄斯島所有的榨油機，然後在產季時高價轉租[14]。時不時他也能巧妙運用科學知識，例如預測日蝕，或建議呂底亞王國的克羅伊斯王（Crésus）將河流一分為二，闢出一條運河以利軍隊通行[15]。

到了西元前三二〇年，泰利斯才開始被視為現代語義中的大數學家，這也是我們今天對他的看法。老普林尼（Pline l'Ancien）[16] ②和普魯塔克[17]等作家就認

② 譯註：二三年—七九年，古羅馬作家、博物學家、軍人、政治人物，以《自然史》一書聞名。

為他量出金字塔的高度，普羅克洛（Proclus）[18]③則說他發明了直徑的概念。羅馬歷史學家旁非利亞（Pamphila）[19]甚至說他發明了另一項定理：一個圓內接三角形的一邊如果等於直徑，就會是個直角三角形，這個定理就被德國人跟英國人稱為「泰利斯定理」（法國人跟義大利人就不是這麼說了）。

泰利斯在死後好幾百年才跟數學沾上邊，然而埃及人很可能在他出生前一千年就知道所謂的泰利斯定理了。[20]

用楔形文字寫下的畢氏定理

更顯而易見的是，所謂的「畢氏定理」，也就是在直角三角形裡，兩條直角邊的平方和等於斜邊的平方，也不是畢達哥拉斯的發明。這項定理目前已知最古老的紀錄，刻在代號「普林頓三二二」的巴比倫泥板上，年代是西元前約一八〇〇年，比畢達哥拉斯早一千三百年！

這塊泥板的第二欄和第三欄依序刻著許多不同的數字，在第一行分別是 119 和 169。這兩個數字的平方根差是 $169^2 - 119^2 = 14{,}400 = 120^2$。這就好像有個直角三角形，兩個直角邊長是 119 和 120，斜邊是 169。接下來每一行的兩個數字都是這種關係。例如第四行是 12,709 和 18,541：$18{,}541^2 - 12{,}709^2 = 182{,}250{,}000 = 13{,}500^2$。

我們無法確定這塊泥板是為了什麼而刻的：是三角函數表[21]，計算直角三角形的邊長，又或者單純是算術練習。

---

③ 譯註：四一二年—四八五年，古希臘最後一位重要哲學家，屬新柏拉圖主義學派。

此外在印度，寶陀耶那（Baudhāyana）寫了一本《繩法經》（*Śulba-Sūtras*），成書時間在西元前八百到五百年間，不是早於畢達哥拉斯就是跟他同一時代。裡面舉出一個計算平方的妙方[22]，使用工具是短樁和線（能用來畫圓）。寶陀耶那先敘述這個算法，接著寫了一段文字，完全就是畢氏定理：

> 三角形的長與寬分別生成的（正方形）面積總和，等於斜邊生成的（正方形）面積。有這些邊長的三角形可以看到這個結果：邊長分別為3與4，12與5，15與8，7與24，12與35，15與36[23]。

的確，$3^2+4^2=5^2$，$12^2+5^2=13^2$，$15^2+8^2=17^2$，以此類推。沒錯，畢達哥拉斯應該從未與寶陀耶那聯絡過，他比較有可能是在埃及（甚至是巴比倫，雖然這比較不實際）學到這個如今以他命名的定理。

希臘化時代的前國族主義？

泰利斯和畢達哥拉斯心知肚明，如今冠上他們大名的定理並不是他們的發明，那些最早期的希臘評論家也都知道。

奇怪的是，到了希臘化時代（始於西元前三二三年亞歷山大大帝逝世），希臘以及後來的羅馬作家逐漸將這些成果歸功於他們兩人。他們可說是成了希臘科學與哲學之父（但就像前面看到的，未必是整個科學和哲學之父）。很難了解原因何在，但有可能是在那段時間，對希臘來說或許是史上頭一遭，他們不再只是由城邦與迷你小國組成的傳說之邦，而是有完備行政體系的宏偉帝國，於是某種希臘「國族主義」[24]推動了這樣的歷史改寫，使他們萌生抹滅啟發希臘的其他文明的念頭。

西元前三八〇年，伊索克拉底（Isocrate）④是首次流露這種國族主義思想的人，說這是希臘文明主義也不為過。他呼籲所有希臘人結盟，而這正是後來馬其頓的腓力二世（Philippe de Macédoine）和其子亞歷山大大帝憑強大軍力達到的成果。伊索克拉底寫的《演說辭全集》（*Panegyricus*）是一部頌讚雅典之作，稱頌這座知名的城邦是哲學寶地[25]，也有孕育出豐富的科學和藝術[26]。最後他提到希臘人不只是一支民族，更代表一種思想和共同的涵養。[27]

希臘科學的外國根源消失了，又隨著亞歷山大大帝消失得更徹底，因為他建立了一個新世界、推行新的政治和行政概念。希臘有一部分的過去被抹滅得一乾二淨，純希臘的歷史也被創造出來。

古希臘和文明戰爭

伊索克拉底的前國族主義和後來的希臘化時代，主要目標是對抗波斯王國、建立希臘「民族國家」。十九世紀的國族主義也有點類似，當時某些國家被其他國家統治，而他們的國族主義主要是為了創建民族國家、肯定自己的文明優越性，尤其希臘在那時受鄂圖曼帝國統治，後來在法國、英國和俄國協助之下，才於一八三〇年獨立。

不久後，勒南在一八六五年參訪希臘，雅典的衛城震懾了他。對他來說，這不只是討論「希臘奇蹟」的契機，也能反過來貶低其他所有人。在本章開篇引用的文字之後，勒南緊接著這麼寫：

④ 譯註：前四三六年—前三三八年，古希臘雅典著名的演說家。

整個世界彷彿尚未開化。東方的浮誇炫耀、虛有其表，令我震驚。羅馬人只是粗野的軍人，奧古斯都（Auguste）、圖拉真（Trajan），最英俊瀟灑的羅馬君主彷彿只是擺擺樣子，模仿自豪又鎮定的城邦居民那簡潔高雅又大方的風采。凱爾特人、日耳曼人、斯拉夫人彷彿只是勤奮的斯基泰民族，但只勉強開化。我覺得我們的中世紀既不優雅又不體面，被不合宜的傲慢和學究氣息汙染。查理大帝好像只是個粗鄙的德國馬伕；我們的騎士感覺笨頭笨腦，讓地米斯托克利（Themistocles）⑤和阿爾西比亞德斯（Alcibiades）⑥見笑。[28]

一切在他眼裡都不值一提：希臘的接班人只是東施效顰，與他們同時代的其他民族只開化了一半，他們的前人早就不知跑到哪裡去。後來建築界的歷史漂白運動也不脫這個概念：希臘神廟潔白無瑕，與鄂圖曼建築刺眼的色彩成強烈對比。白色成了西方對東方的文明參考點，有如勒南說的，這是「透過用於建造衛城的彭代利山大理石彰顯的典範」[29]，從法國大數學家亨利．龐加萊的評語也可見一斑：

希臘人之所以勝過蠻族，承襲希臘思想的歐洲之所以稱霸世界，是因為野蠻人喜歡刺眼的色彩和嘈雜的鼓聲，使他們無暇思考。希臘人卻欣賞潛藏於感性美之中的知性美，使他們的智識堅實有力。[30]

在這種情況下，希臘再也不能從東方世界（埃及、巴比倫、腓尼基）獲得嚴肅的啟發，這是不能容忍的。我們頂多只能把這些文明視為前導，但再也無法認為那些地方能發展出「真正的」科學（哲學就更別提了）。

諷刺的是，在真實的歷史上，希臘建築其實跟可恥的東方建築很類似——

⑤ 譯註：約前五二八年—前四五九年，古希臘重要政治家、軍事家。
⑥ 譯註：前四五〇年—前四〇四年，雅典傑出的將軍，政治人物。

希臘神廟原本都塗覆著大量彩漆。這可叫現代人震驚了，我們現在看到的白色並不是希臘人出於美學考量的選擇，只是原本的色彩隨時間過去褪掉了。然而，我們從十八世紀起就在希臘建築上找到殘留的顏料，卻要等到二十世紀才確定它們原本真的是彩色的[31]。所以說，認為希臘人天性純樸的想法根本是錯的，我們以為中世紀教堂是白色的，也是錯誤想法，它們原本也都色彩繽紛。[32]

科學就是人性

把希臘當成跟東方打文明戰的工具，實在荒謬，但這還是讓西方以為自己是科學的唯一發明人，因為西方世界是希臘當然的傳人。然而，巴比倫的泥板刻著以高明幾何學解出的二次方程式，埃及的莎草紙上寫著複雜的幾何和算數難題，中國和印度有數學專書，馬雅人的數學發展也已為人所知，我們更鑑定出非洲也有數學文物——這一切在在顯示，把數學簡化為希臘獨有的發明，既不正確也不公平，更十分可惜。

同樣的，我們也傾向認為印度思想不是哲學，因為那參雜了太多宗教意涵。這是沒錯，不過柏拉圖的著作也滿滿都是說不過去的神祇、神話和譬喻。這麼看來，《薄伽梵歌》（*Bhagavad-Gita*）並不比柏拉圖式對話來得差，兩者都是指導人們如何行動的哲學專論。

我們常把中世紀的阿拉伯科學想成一個連字號，那個連接希臘和西方世界的短短一槓（意思是，就像我們常有的印象，銜接現代西方和在中世紀「沉睡」的西方。錯得離譜），卻從沒把古希臘看成短短一槓，連接了巴比倫和中世紀阿拉伯哲學之類的。希臘人確實有過偉大的創舉，但他們不是唯一。科學史上充滿許多創舉，往往歷經長久累積才達成。希臘人也確實值得敬佩，我們不是要質疑他們的心血結晶、歷史或思想，但拿希臘人來貶低世界上其他的人，就很荒謬了。

我們也容易犯西方中心主義的毛病，例如我們會認為西方數學「零」的概念和記數法比馬雅文明優越，他們的數學觀十分複雜，又因為缺乏文獻紀錄而鮮為人知[33]。同樣的，除了如今已得到（或未得到）認可的其他文明的科學成就，關於現實中的數學課題，世界上還有很多不同的認知方式。民族數學（ethnomathematics）研究的，正是這些往往被貶為「原始」或「半開化」的人們思考這些課題的模式。與其認為他們做的是「前數學」，也就是暗示只有發展成像今天這樣的數學，才能叫做數學，像民族數學這樣的研究，更能豐富我們的數學思維。

思考科學時應該重視相異性，但不是為了獵奇，而是因為那是絕佳的思考養分。順道一提，跟我們現在使用和思考數學的方式相較，希臘數學其實有出人意料的相異性。例如佔數術（研究數字的美學與神祕性）在當時就非常熱門，但現在幾乎已無人聞問，一般也認為這是不值得載入科學史的邪門歪道。然而，佔數術有相當豐富的數學思想可以取汲，他們的研究成果應該在國中就能教，也能大大提高學生的興趣，讓他們看到數學的另一面。

說到底，科學是我們的天性。這裡再次引用亞里斯多德的話（見二十四頁），他這個希臘人認為科學不是希臘人獨有，而是人類的特質之一，一種促使我們分析現實世界的「驚奇感」[34]。人類與科學之間似乎有種身分認同，人似乎天生有這種衝動，例如會想在地上畫出幾何圖形，如同維特魯威這段生動的描述：

相傳蘇格拉底的門徒、哲學家阿瑞斯提普斯（Aristippe）一回遭遇船難，漂流到羅得島上。他在島上發現一些幾何圖形的痕跡，便對同伴大喊：「有希望了——我看見人類的印記！」[35]

即使這件事可能從沒發生過，我們還是能從這段敘述清楚看到，科學深具人性且普世的特質。

CHAPTER 11

最後三則迷思

我不知道怎麼告訴別人真理可能是如何；我只是把別人告訴我的故事再講一遍。[1]

——華特・史考特（Walter Scott）

最後這三個人物因為一般民眾比較沒聽過，所以我們會比較快帶過，不過學者圈很常提到他們的趣聞。值得一提的其實還有幾十位，但這三位特別能讓我們看到，在科學史上，謊言和傳說有三個互補的面向。

氣壓計和馬蹄鐵

尼爾斯・波耳（Niels Bohr）是丹麥物理學家，因為他對原子和原子放射性的研究，在一九二二年榮獲諾貝爾物理學獎。他的兒子奧格・波耳（Aage Bohr）就在他獲獎幾個月前出生，成年後也因為原子核研究，在一九七五年獲得諾貝爾物理學獎。現在就來講老波耳兩則特別好笑的軼事。

波耳在學生時代曾接受物理學教授口試：如何用氣壓計測量一棟建築物的高度？波耳說，可以把氣壓計從建築物頂端往下丟，測量它落地要多久時間。波耳覺得自己應該拿最高分，但那個教授想給他最低分。惱怒的教授於是請一位同事來評評理，這位同事正是歐尼斯特．拉塞福（Ernest Rutherford），一九〇八年諾貝爾化學獎得主。拉塞福反倒對波耳的創意印象深刻，因為波耳不用氣壓方程式計算，而是想出截然不同的解決辦法。

後來波耳也曾把一塊馬蹄鐵掛在自家大門上，每當有人去拜訪他，然後不解地問他一個科學人怎麼會迷信這個，他只是回答：「我是不信，但有人說不管我們信不信，這都會帶來好運……。」

這兩則軼事其實都是假的！

氣壓計的故事原本是物理學家相傳的一則笑話（很多地方都看得到，例如一九五八年的《讀者文摘》〔*Reader's Digest*〕），寓意是問題的解決方法可以有很多，不要自我侷限於特定一種。的確，看到氣壓計就讓人想到用氣壓方程式，但說到底，氣壓計不只是測量大氣壓力的工具，也可以拿來丟。簡而言之，這是個「跳出框架思考」的例子，意思是想事情不拘泥成規，不乖乖遵照問題給的已知條件來推出解答。這個故事本身很有教育意義，提醒我們不該被問題設定的條件限制。這個故事也顯示問題可以有多種解決方式，解數學題目也一樣：學者因為重視美感，所以致力找出漂亮的解法。

這故事本身很有趣，會被說成是波耳的事蹟則另有原因：營造一個天才學生不被教授了解的情境。凡是有學生曾經心想：「這不是我的錯，是老師討厭我。」都會很有共鳴。它的意義在這裡雖然改變了，依然很有教育性。從故事裡學生單純衝撞師長的行為，能看到一個值得重視的要點：科學是有討論空間的，不論是物理、生物，還是數學。在所謂的硬科學學門中，我們太容易套用單一觀點、一種絕對的真理。然而，給人不同意某種研究方法，甚而不同意某個結果的空間是很重要的。畢竟許多重大的數學突破都始於對既有理論的反對，不論是零[2]還是虛數[3]，或是無理數都是如此。

馬蹄鐵軼事也改編自一則笑話。維爾納．海森堡（Werner Heisenberg）是一九三二年諾貝爾物理獎得主，他曾寫道，波耳在一九二七年是這麼跟他講這則故事的：

我們在提斯韋德（Tisvilde，挪威城市）的鄉下家附近，有個鄰居在他家大門上掛了一個馬蹄鐵。根據民間流行的說法，這會帶來好運。有個朋友問他：

「你這麼迷信啊？你真的相信這塊馬蹄鐵會帶來好運？」他回答：「我當然不信，可是有人說就算我們不信，這還是有用。」[4]

這可說是以幽默的方式改寫巴斯卡的賭注[①]。另一件趣事是，物理學家塞繆爾．古德斯米特（Samuel Goudsmit，電子自旋的共同發明人）說海森堡的話不可能是真的，因為古德斯米特發誓[5]，這是他在一九五四年親口告訴波耳的故事，當時波耳去參訪古德斯米特任職的布魯克黑文國家實驗室。古德斯米特也曾在一九四一年，科學史學家伯納德．科恩（Bernard Cohen）訪問他時說了這則故事。

①譯註：巴斯卡提出的一項哲學論證，收錄於他為基督教辯護所寫的《思想錄》一書。這項論證如下：理性的個人應該相信上帝存在，並依此生活。因為若相信上帝，而上帝事實上不存在，人蒙受的損失不大；若不相信上帝，但上帝存在，人就要遭受無限大的痛苦（永遠下地獄）。節錄自維基百科。

所以我們很難確定誰在何時告訴了誰什麼事，但重點是，這個故事起初只是被當成笑話講，後來波耳被抓去當主角，變成人人爭相傳講的真人真事。很多知識分子的確都講評過這則故事[6]，他們從中看到大學者也有人性——跟每個人一樣，都有不理性的時候。值得注意的是，即使這則故事實在不像真的，但就連知識分子都信以為真。通常我們讀到這種故事會有點最起碼的思辨力，提醒我們事情沒那麼單純。

但我們為什麼要說這些是波耳的故事呢？無疑是因為他向來愛讀詩，可以像劇場演員一樣，隨口就來一段歌德（Goethe）和易卜生（Ibsen）[7]。我們在這裡可以看到，世人想把詩人的特質加在科學天才身上：不食人間煙火，與僵固的學術體系格格不入，對世界抱著一種近乎宗教的情懷，但一旦有方程式要解，還是能恢復理性。這是大家對科學的浪漫觀感在作祟，我們也才會期待學者要既狂妄又不按牌理出牌。

畢生的夢想

門得列夫（Mendeleïev）以一項重大發現聞名於世：元素周期表。每一間理化教室都能看到它，我們也常叫它「門得列夫周期表」。

相傳在一八六九年二月十七日，門得列夫聽著音樂入睡，夢見了周期性元素隨著音樂的節奏浮動，然後他只花一天時間就寫出周期表。這則軼事最常被引用的出處是俄國科學哲學家鮑尼法季・凱德洛夫（Bonifaty Kedrov），他是國際科學史學會的會員，在一九五七年發表了一篇探討科學創造力的文章，並在文中提到門得列夫的友人伊諾史坦澤夫（Inostrantzev）曾這麼說：

有三天三夜的時間，門得列夫在辦公室裡不眠不休地工作，想把腦海中的構思整併成一個表格，卻徒勞無功。最後他實在精疲力竭，終於上床休息，並馬上陷入沉睡。接下來發生的事，他對伊諾史坦澤夫說過好幾次：「我在夢裡看見一個表格，所有的元素都依序適當排列。我一醒來，馬上把夢到的內容寫到一張紙上——除了後來發現的一個地方之外，完全不必修改。」[8]

門得列夫從沒把這個故事寫下來，我們也從沒找到過那張紙。所以我們只能相信二手資料來源，也就是伊諾史坦澤夫。不過這個人是誰？亞歷山大·亞歷山德羅維奇·伊諾史坦澤夫（Alexandre Alexandrovitch Inostrantzev）是俄國的地質學和古生物學家、聖彼得堡大學教授，也是門得列夫的朋友。他在那場夢發生多年後才開始講這個故事，或許是在門得列夫過世之後。

我得承認，即使我（盡一切有限能力）搜尋過俄國的科學文章，還是找不到相關資料，這裡恐怕有超越我能力範圍的文獻工作得做。就算凱德洛夫查過聖彼得堡大學門得列夫博物館的文獻，他那篇一九五七年的文章並沒有附上出處，所以無從得知伊諾史坦澤夫在哪裡寫下了那幾行文字。

首先，那段敘述未免有點誇張：三天不睡覺、夢到的內容只有一處要修正……不管這場夢有沒有發生過，我們唯一確定的是，門得列夫不是靈光一閃就想到用周期表排列元素。他投入多年研究，不只是周期表這個「形式」，還有當時各種已知元素的性質，這顯然也需要多年研究。除此之外，這個主題在一八六〇年代十分熱門，不只有門得列夫在研究[9]。

類似的例子還有很多[10]：弗里德里‧希奧古斯特‧凱庫勒（Friedrich August Kekulé）夢見一條咬住自己尾巴的蛇，因此發現了苯環結構。尼古拉‧特斯拉（Nikola Tesla）在布達佩斯（Budapest）的公園裡被樂聲啟發，馬上就地畫出後來的電動引擎的草圖。亨利‧龐加萊在庫唐斯（Coutances）散步時，在腳踩上公共馬車踏階的瞬間，想出一個數學難題的解法……這麼看來，巧思好像能從天外飛來。要是把一本書墊在枕頭底下，內容會滲入我們的腦袋，一覺醒來就會有超棒的靈感了（或是考試至少能拿高分）。

可惜現實比較平淡：就算我們願意相信這些是真有其事，包括那些被託夢的，也別忘了，天才突發的靈感與其說是夢到的，不如說是長年持續研究的結晶。對我們普通人來說，重點就在這裡。至於夢想拿諾貝爾獎的大學者，睡覺或許有額外的好處，但要是沒有堅持不懈做研究，那些好處也不會發生。

除此之外，有時學者好像是為了充實回憶錄，刻意捏造一些天才事蹟（不得不說，這招很管用），好讓自己看起來比較神，特斯拉顯然就有誇大其辭。特斯拉是才華洋溢，卻也太在意別人有沒有把他當成天才，所以他在一九一九年出版的自傳中極力自我美化，導致他的敘述失去了可信度：

當時沒有生理學和心理學專家來觀察我，是我畢生的遺憾。從前我不顧一切想活下去，卻也從不指望會復原。結果一個無可救藥的病夫，竟能搖身變成充滿驚人力量和韌性的男人，能在三十八年間幾乎沒有一日中斷地工作，身心依然清新強健，有人能相信嗎？我就是這樣的例子。……對我來說，這是神聖的誓言、關乎生死的大事。我知道我要是失敗便必死無疑。如今我認為我已贏得這場戰鬥。我的解決之道來自大腦深處，但我還不知如何解釋。我永遠記得這件事：有天下午，我與一個朋友在城市公園散步，一邊背誦詩詞。我在那個年紀已一字不漏地背下許多書，其中一本是歌德的《浮士德》（*Faust*）。看著夕陽西下，我想起其中許多精彩的段落……。

正當我唸出這些絕妙的詩句，靈感如閃電般冒出，真相霎時湧現。我用樹枝在沙地上畫出解說圖，我的朋友完全能明白，這也是六年後我在美國電氣工程學會演講時發表的內容。我看見的影像清晰無比、扎實無缺，以至於我告訴朋友：「你看我這個引擎，我能照圖把它做出來。」我無法描述我的情緒有多麼激動。畢馬龍②看到自己的雕像活過來，恐怕都不會更感動。大自然有萬千祕密是我可能偶然發現的，而我情願拿它們全部來交換我克服萬難、賭上性命爭取到的這一個。[11]

這段敘述的自我感覺實在太良好了，讓人很難分辨有多少是真的，又有多少是一廂情願的神話……。

女人，女文人

現在知道埃米莉．沙特萊這名字的，只有對科學或文學史有興趣的人。而且我們所知道的她，是伏爾泰的情婦、牛頓的譯者、萊布尼茲的普及推手，或是當時的大科學家莫佩爾蒂（Maupertuis，也是她情夫）和克萊羅（Clairaut）

門下一個普通學生。總之我們會認識她，都是透過那些不是她老師、就是她情夫的男人。今天我們認為她是個「女文人」，以至於要是用谷歌搜尋她的名字，這就是她在維基百科最先跳出來的身分，清楚顯示她在我們集體想像中扮演的角色。

所謂「女文人」指的是會寫作的女人，但依然不是「女小說家」（例如拉斐特夫人〔Mme de Lafayette〕），不是「女詩人」（例如艾蜜莉・狄金生〔Emily Dickinson〕），也不是女哲學家（就像我們眼中的希帕提亞，見第六章）。她比較像塞維涅夫人（Mme de Sévigné），文筆很好，但作品的社會或純文學意義只算是二流。

② 譯註：希臘神話中愛上了自己的雕像作品的雕塑家。

不過沙特萊到底寫過什麼，使她堪稱女文人？以下是她在生前出版的一些著作[12]：

- 〈牛頓哲學原理簡介〉（Lettre sur les Éléments de la philosophie de Newton）：介紹伏爾泰一本書的短文，那本書的名字就是《牛頓哲學原理》（*Éléments de la philosophie de Newton*）。
- 《論火的性質與傳播》（*Dissertation sur la nature et la propagation du feu*）：在一七三七年八月參加法國皇家科學院競賽的論文。
- 《物理學教程》（*Institutions de physique*），一七四〇年出版。
- 《某夫人答皇家科學院終身祕書德邁蘭先生就活力問題寫於一七四一年二月十八日之公開信》（*Réponse de Madame*** à la Lettre que M. de Mairan, Secrétaire perpétuel de l'Académie Royale des sciences, lui a écrite le 18 février 1741, sur la question des forces vives*）：回應她與科學院院士尚—賈

克・竇杜・德邁蘭（Jean-Jacques Dortous de Mairan）就《物理學教程》特定內容的爭議。

- 《以致朱杭先生函形式探討活力問題之論文》（*Mémoire touchant les forces vives adressé en forme de Lettre à M. Jurin*）：針對同一問題於一七四四年撰寫的戰文。

有鑑於這些都是探討科學的著作，女文人的標籤似乎該用「女學者」、「女科學家」或「女物理學家」取代才對。尤其她在過世後出版的著作還有《自然哲學的數學原理》，這是牛頓《原理》一書的法文譯本，她除了翻譯正文，也寫了序言和對牛頓世界觀的評析。然而她確實在一七九六年首次出版《論幸福》（*Réflexions sur le bonheur*），距她逝世已過了五十年。但總不能光憑這一本遺作，就抹煞她所有的科學著作吧？

在沙特萊生前，她的女科學家地位已經十分脆弱。她的確與當時最知名的物理學家有所往來：莫佩爾蒂、克萊羅、歐拉（Euler）、穆森布羅克（Musschenbroek）、斯格拉維桑德（s'Gravesande）、朱杭、賈奇耶（Jacquier）、克拉瑪（Cramer）、沃爾夫（Wolff）[13]等等。儘管如此，只有德邁蘭平等看待她，才會有那場激得她為文反擊的爭議。不過德邁蘭既不是「大」數學家，也不是哲學家，在當時就開始失去影響力[14]。知名的科學院士和學者即使與她規律通信，仍把她視為普通的業餘愛好者——頂多加個譯者頭銜而已。

然而沙特萊翻譯的牛頓《原理》（在今天仍是她最知名的貢獻）不只是單純的譯作。沙特萊透過仔細校對牛頓的運算，提出地球自轉軸傾斜的假設，這是牛頓沒看出來的，後來才由拉普拉斯（Laplace）[③]證實。她寫的《物理學教程》也不只是資料彙整，而是有條有理地介紹當代知識，也看得出來她有意將當時互相對立的理論並列比較。此外這套書出版才三年，就有了義大利文譯本，使她在三年後獲選為義大利波隆納學院的合作院士。為什麼是波隆納學院？因為那是當時歐洲唯一接受女性的機構。一七四六年，《奧古斯堡十年誌》（*Décade d'Augsbourg*），一個知識菁英團體，也因此推舉她為當代最知名的十位學者之一。[15]

至於《論火的性質與傳播》，那次她參加法國科學院的論文競賽失利，獲獎的是另外三位學者，其中一位是歐拉[16]。不過在一七三九年六月，科學院還是選了這篇論文，與另外四篇得獎和優選論文集結出版，在一七五二年又重新出版，也是科學院首次出版女性作者的論文。此外，起初沙特萊其實無意寫這篇論文——伏爾泰當年也參賽了，提交的論文是《論火的性質與其傳播》（*Essai sur la nature du feu et sur sa propagation*，也沒有得獎），而她覺得自己比不上伏

③譯註：一七四九年—一八二七年，法國著名天文學家和數學家。

爾泰。不過沙特萊如此自述：

在我著手寫自己的論文之前，伏爾泰先生的作品已幾近完成，為我帶來一些靈感，也使我萌生創作論文的念頭。我開始動筆，卻不確定會投件，也對伏爾泰先生絕口不提，不想因為這可能使他不悅的舉措，在他眼前蒙羞。此外，我在作品中幾乎反駁了他每一個想法。最後我是從報上得知我們兩人都沒有得獎，才向他坦承。[17]

所以她的論文是倉促寫成的，而且為了趕上截稿日期經常熬夜趕工。有趣的是，知名記者皮耶—馮斯華・吉約・德楓丹（Pierre-François Guyot Desfontaines）把伏爾泰的論文罵翻了：

解釋武斷（針對火為何熄滅），多處均是類似寫法，頗能佐證詩詞與物理多有類似之處。詩人轉行當物理學家，也就不令人意外了。至於其餘內容，文中許多微妙的說法能見於穆森布羅克（Musschenbroek）④的《論物理》（*Essai de physique*）一書，由馬蘇埃（Massuet）翻譯，巴黎布亞松書店（Briasson）有售。[18]

到了二十世紀，大經濟學家約瑟夫．熊彼得（Joseph Schumpeter）也嘲笑伏爾泰的膚淺[19]。反觀沙特萊的作品就得到德楓丹大力讚揚：

多麼傑出的女學者，觀察入微，幾乎貫通所有物理知識，精彩的觀點、精彩的原理！條理卻又如此分明，研究方法出色，所陳述的真理如此引人入勝！[20]

④ 譯註：一六九二—一七六一年，荷蘭科學家，在一七四六年發明了世界上第一個電容器萊頓瓶（Leyden jar）。

沙特萊能得到這些讚美，要歸功於她嚴守科學原則，尤其是她勇於拋棄牛頓的色彩論（見第八章），拿出真正的學者風範，有能力根據她對當時文獻的博學多識提出原創的論述。

此外，沙特萊發展出一套很現代的科學哲學，這一定是承襲了萊布尼茲的思想，在當時的法國卻很創新——在科學中找不到絕對的真理，只有高到大約足以解釋自然的可能性：

我們觀察到的自然效應與現象，其真正成因往往與我們能引用的原理、我們能做的實驗差距如此之大，使我們不得不滿足於可能的解釋原因。所以在科學中，我們不能拒絕可能性，不只因為這在實際上往往有極大的用處，也因為它為我們開闢通往真相的道路。[21]

這段文字寫於一七四〇年出版的《物理學教程》，是〈假設〉（Hypothèses）這一章的開頭。了不起的是，後來狄德羅和達朗貝爾共同主編知名的《百科全書》（*Encyclopédie*），而在一七六六年，法國數學家尚—巴蒂斯·德·拉夏貝爾（Jean-Baptiste de La Chapelle）也為這部巨著寫了一篇叫〈假設〉（Hypothèse）的文章，就原封不動地用了這段話（只在接近結尾處稍有不同），而且用在文章開頭，卻完全沒註明出處是沙特萊。以下就是拉夏貝爾的版本，大家可以自行比較：

我們觀察到的自然效應與現象，其真正成因往往與我們能引用的原理、我們能做的實驗差距如此之大，使我們不得不滿足於可能的解釋原因。所以在科學中，我們不能拒絕可能性。所有研究工作都得有個起頭，而這個起頭幾乎總是充滿缺陷的嘗試，往往也不會成功。有些事實是我們不知道的，就好像在某些國家，我們只能先試過各條道路，才找得到對的那一條。因此，得有人冒犯錯的險，好為其他人指出正確的途徑。[22]

被《百科全書》抄襲，絕對是不小的肯定，而就我們所知，這段諷刺的歷史直到近年才由研究人員揭露，是沙特萊人生際遇很好的縮影。正因為如此，今天她（對聽過她的人來說）頂多只被視為女文人，最不濟則是伏爾泰的情婦。不是比真正的本人遜色很多（如同第六章的希帕提亞），就是因為她是女人，所以只能是某位男性名人的附屬品。

歷史上有許多知名的女科學家同病相憐（例如索菲．熱爾曼〔Sophie Germain〕⑤），另一些則被視為神祕主義者，即使她們是貨真價實的科學家（例如赫德嘉．馮．賓根〔Hildegard von Bingen〕⑥）[23]，還有人埋沒在合作夥伴或先生的陰影裡[24]（愛達．勒芙蕾絲〔Ada Lovelace〕⑦與查爾斯．巴貝奇〔Charles Babbage〕並肩工作；瑪麗—安娜．波爾茲．拉瓦錫〔Marie-Anne Pierrette

Paulze〕是大化學家拉瓦節〔Lavoisier〕的太太）。除了成就難以掩蓋的瑪麗・居禮（見第三章，不是沒人試過），大部分的女科學家都被狠狠抹煞，從沙特萊的例子就看得出一些端倪。

這也是為何，做學問是自我解放、得到快樂最好的途徑，沙特萊自己就知道原因，她是這麼寫的：

對學問的熱愛，於男人的幸福遠不及於女人的幸福來得必要。男人想要快

⑤譯註：一七七六年─一八三一年，法國女數學家、物理學家和哲學家。因當時的偏見無法以學術為職業，一生獨立研究。

⑥譯註：一〇九八年─一一七九年，中世紀德國神學家、作曲家，受封為天主教聖人與教會聖師，有「萊茵河的女先知」之稱，極為博學多聞，因為有看見異象的能力而蒙上神祕色彩。

⑦譯註：一八一五年─一八五二年，英國數學家兼作家，常被公認為史上第一位程式設計師，與巴貝奇共同開發出電腦的雛型。

樂，有無限資源可以取用，然而這些資源是女人完全缺乏的。男人要獲得榮耀，有許多其他方法，而憑個人才幹為國效力、服務同胞，不論是透過戰事方面的長才，或治理與協商的天賦，都是遠高於做學問的志業。不過女人被國家拒於一切榮耀之外，要是哪個女人恰巧生有不凡的才情，面對這種種排拒，以及國家強迫她仰人鼻息的現實，她唯一能做的，就只剩透過做學問來自我安慰了。[25]

結語

人要是得知一件違反直覺的事，會嚴加檢驗，除非有確鑿的證據，否則不會相信。反之，要是得知一件使他有理由根據直覺行動的事，即使證據薄弱，他仍會相信。迷思正是如此產生的。[1]

——羅素

科學史上還有很多迷思跟謊言是本書沒有提及的，因為我們不是要做一本詳盡的大全，而是想藉由深入剖析各個案例，讓大家看到謊言被建構的方式、背後的動機、它們如何在集體想像中扎根，這又怎麼影響了我們對科學和科學史的觀感。

所以我們沒有討論所有被搶功的女科學家，而是選幾個社會大眾比較認識的來討論，因為她們被世人遺忘或身後之名被扭曲，對科學史造成了比較大的影響。

我們也沒有提到非西方世界的學者，不是因為我們擁戴歐洲中心主義，單純是像前面說的，因為本書的目的是研究謊言及其影響。即使討論一位讀者不認識的學者會顯得十分中肯，還是要符合我們探討謊言影響的主軸。家喻戶曉的傳奇人物，通常比較能觸動我們的集體想像。

例如，說婆羅摩笈多（Brahmagupta）發明了數字零（就像有些權威圈子宣稱的），並不正確，因為他顯然沒有發明零，而是為零的計算性質做了明確的定義。踢爆這件事是很有趣，卻不太適合本書，因為聽過這位印度數學家的人太少，不論我們是否認為他是零的唯一發明人，都不會衝擊大眾的想像，因為大多數人會認為我們用的是「阿拉伯」數字，而不是「印度」數字。

所以我們選擇了這些主題和學者，好讓我們能夠分析偉大的傳說和小謊言，同時盡量兼顧多元性（因為相似的謊言和迷思很多，逐一深入檢視可能不是最好的作法），以凸顯我們對科學史的集體想像是怎麼養成的。

至於寫作方法，某方面來說，我們是在呼應本書開頭的維根斯坦引言：先找到謊言的源頭，再找出從謊言通往真相的途徑。這是我們總是回頭看文字資料的原因，而且我們不只是說說自己的評論，更直接列出原文，為的是把我們動腦推理的過程「攤在陽光下」，避免讀者以為我們在扭曲現實。

因為有太多科普和思想史書籍，或更普遍來說的一般文章，都沒有引用資料來源，而是引用一些引用了其他書籍的書籍，而那些被引用的書籍自己的資料來源，在層層編輯過程中，不是被篡改就是遭到扭曲。所以我們也沒有提到那些書，因為他們引用了傳說，卻從沒自問這些傳說是否屬實。

書籍文章、網站和社群媒體充斥著這些傳說和錯誤引用，這些內容不只有害我們對科學和科學史的觀感，也有害社會。思辨精神應該是所有民主社會的基礎[2]，要是沒有思辯精神，我們給不實引言按讚、傳播假訊息、寫錯誤推論，最終會降低公民為民主社會行動的可能性，剝奪我們正確推理的權利，因為我們的理智被這些傳言汙染，害我們不論聊什麼都會隨口拋出：「反正愛因斯坦在學校成績很差，所以說……」，或是「古時候如果有數學很強的女生，大家不是應該都知道嗎？」又或者「伽利略是當時世界上唯一正確的人，你們不高興的話就把我活活燒死吧！」

這些專斷的說法都很反民主，也是反科學和科學史。這也是我認為澄清這些謊言很重要的原因（有時也很有趣，光是這一點就值得）。同時也希望對讀了這本書的人來說，我盡綿薄之力提供了一些工具和反思。雖然如此，我不指望這本小書能遏止科學史謠言的傳播，因為這些迷思都有個共同點：我們情願信以為真。而且，就像馬克吐溫說的：

使人相信謊言何其容易，要使人在相信謊言後從中覺醒，又是何其困難！[3]

Gian Francesco Giudice, *L'Odyssée du Zeptoespace*, EPFL Press, 2013, p. 25.
7： 可參考 Olivier Darrigol, Bertrand Duplantier, JeanMichel Raimond, Vincent Rivasseau, *Niels Bohr, 1913-2013. Poincaré Seminar*, Birkäuser, 2016, p. 95.
8： Bonifaty Mikhailovich Kedrov, « On the question of the psychology of scientific creativity », *Soviet Review*, vol. VIII, no 2, 1967, p. 38 （原始文章以俄文寫成，此處引用英文翻譯版）。
9： 可參考 Balazs Hargittai, Istvan Hargittai, « Year of the periodic table : Mendeleev and the others », *Structural Chemistry*, vol. XXX, 2019, p. 1-7.
10：可參考 George W. Baylor, « What do we really know about Mendeleev's dream of the periodic table ? A note on dreams of scientific problem solving », *Dreaming*, vol. XI, no 2, 2001, p. 89-92.
11：Nikola Tesla, *My inventions : The autobiography of Nikola Tesla*, Waking Lion Press, 2006, p. 37-38 .（法文引文由本書原著團隊翻譯。）
12：可參考 René Taton, « Madame du Châtelet, traductrice de Newton », in *Études d'histoire des sciences*, Brepols, 2000, p. 207-208.
13：可參考 René Taton，出處同前，p. 211.
14：可參考 Irène Passeron, « Muse ou élève ? Sur les lettres de Clairaut à Mme du Châtelet », in *Cirey dans la vie intellectuelle. La réception de Newton en France*, Voltaire Foundation, University of Oxford, 2001, p. 196.
15：Mireille Touzery, « Émilie du Châtelet, un passeur scientifique au xviiie siècle. D'Euclide à Leibniz », *La Revue pour l'histoire du CNRS*, n° 21, 2008.
16：Bernard Joly, « Les théories du feu de Voltaire et Mme du Châtelet », in *Cirey dans la vie intellectuelle*，出處同前，p. 212.
17：摘自她寫給莫佩爾蒂的信，由 Bernard Joly 引用，出處同前，p. 230 （本書改採現代化的拼寫法）。
18：*Observations sur les écrits modernes*, tome XVIII, 1739, lettre CCLXVI, p. 256. 由 Bernard Joly 引用，出處同前，p. 236.
19：Joseph Schumpeter, *Capitalisme, socialisme et démocratie*, G. Fain 翻譯 , Payot, 1974, p. 109.
20：出處同前，lettre CCLXIII，由 Bernard Joly 引用，出處同前，p. 236.
21：Émilie du Châtelet, *Institutions de physique*, Prault fils, 1740, p. 74 (出自第四章 « Des Hipothèses » [sic], § 53).
22：Jean-Baptiste de La Chapelle, « Hypothèse », in *Encyclopédie, ou Dictionnaire raisonné des sciences, des arts et des métiers*, tome 8, 1766, p. 417 （改採現代化拚寫法）。
23：特別參考 Laurence Moulinier 針對馮・賓根撰寫的著作 : *Le Manuscrit perdu à Strasbourg. Enquête sur l'œuvre scientifique de Hildegarde*, Éditions de la Sorbonne, 1995 ; « Hildegarde de Bingen, les plantes médicinales et le jugement de la postérité : pour une mise en perspective », in *Les Plantes médicinales chez Hildegarde de Bingen*, 1993, p. 61-75 ; « Un lexique "trilingue" du xiie siècle : la "Lingua ignota" de Hildegarde de Bingen », *Colloque international organisé par l'École pratique des hautes études-IV e section et l'Institut supérieur de philosophie de l'Université catholique de Louvain*, 1997, p. 89-11 註 1。
24：可參考 Keiko Kawashima, *Émilie du Châtelet et MarieAnne Lavoisier. Science et genre au xviiie siècle*, Honoré Champion, 2013 ; Annette Lykknes, Donald Opitz, Brigitte van Tiggelen (éd.), *For Better or for Worse ? Collaborative couples in the sciences*, Springer, 2012.
25：Émilie du Châtelet, *Discours sur le bonheur*, Payot & Rivages, 1997, p. 52-53.

結語

1： Bertrand Russell, *Proposed Roads to Freedom*, Henry Holt and Company, 1919, p. 147. （法文引文由本書原著團隊翻譯。）
2： 可參考 Antoine Houlou-Garcia, *La Politique. Manuel à l'usage des citoyens qui n'y comprennent plus rien*, Albin Michel, 2022, p. 98-107.
3： Mark Twain, *Autobiography of Mark Twain*, Benjamin Griffin, Harriet Elinor Smith (éd.), vol. II, University of California Press, 2013, p. 302. （法文引文由本書原著團隊翻譯。）

8： Aristote, *Du ciel*, II, 12, Paul Moraux 翻譯 , Les Belles Lettres, « CUF », 1965, p. 81.
9： Hérodote, *Histoires*, II, 109, Philippe-Ernest Legrand 翻譯 , Les Belles Lettres, « CUF », 1944, p. 137.
10：例如，普羅克洛在他的 *Commentaire sur le premier livre des Éléments d'Euclide* 一書中就這麼說。
11： Porphyre, *Vie de Pythagore*, 6, Édouard des Places 翻譯 , Les Belles Lettres, « CUF », 2003, p. 38.
12：可參考 D. R. Dicks, « Thales », *The Classical Quarterly*, vol. IX, no 2, 1959, p. 294-309.
13： Hérodote, *Histoire*, I, 170.
14： Aristote, *Politique*, I, xi, 1259a.
15： Hérodote, *Histoire*, I, 75.
16： Pline l'Ancien, *Histoire naturelle*, XXXVI, 82.
17： Plutarque, *Le Banquet des Sept Sages*, 2.
18： Proclus, *Commentaire sur le premier livre des Éléments d'Euclide*, 157.
19： Diogène Laërce, *Vies*, I, 24.
20：可參考 Alain Herreman, « Aux sources du théorème de Thalès », *Irem de Rennes*, 2017 以及 Antoine Houlou-Garcia, « Pourquoi beaucoup de théorèmes ne portent pas le nom de leur auteur ? », *La Recherche*, n° 576, janvier 2024.
21：可參考 Daniel F. Mansfield, N. J. Wildberger, « Plimpton 322 is Babylonian exact sexagesimal trigonometry », *Historia Mathematica*, vol. XLIV, 2017, p. 395-419.
22：可參考 Antoine Houlou-Garcia, « Le théorème de Pythagore… avant Pythagore ! », *Tangente*, no 212, 2023, p. 22-24.
23：此一段落參考英文譯文，英文譯者 Kim Plofker, « Mathematics in India », in Victor J. Katz (éd.), *The Mathematics of Egypt, Mesopotamia, China, India, and Islam : A Sourcebook*, Princeton University Press, 2007, p. 388 .（法文引文由本書原著團隊翻譯。）
24：這個晚近才出現的詞的確不符合那個時代背景，但當時確實興起了類似的思潮，不論是希臘人或被希臘人統治的民族都有。例如 Corinne Bonnet 就提到為了抗衡希臘化「國族主義」，腓尼基人也產生了自己的「國族主義」。(« Entre global et local : lèmpire dAlexandre et ses dynamiques"religieuses" en Phénicie », *Diogène* vol. CCLVI, n° 4, 2016, p. 23).
25： Isocrate, *Panégyrique*, 47-48.
26：出處同上 , 51.
27：出處同上 , 50.
28： Ernest Renan，出處同前，p. 60-61.
29：出處同上 , p. 59.
30： Henri Poincaré, *Science et méthode*, Flammarion, 1908, p. 18.
31：可參考 Philippe Jockey, *Blanchiment de l'art grec. Histoire d'un rêve occidental*, Belin, 2013.
32：可參考 Anne Vuillemard-Jenn, « Le mythe du blanc manteau d'églises de Raoul Glaber : étude de la polychromie des cathédrales à travers les sources médiévales », *Art sacré*, vol. XXVI, 2008, p. 131-139.
33：可參考 Antoine Houlou-Garcia, *Il était une fois le zéro*, Alisio, 2023, p. 155-166.
34： Aristote, *Métaphysique*, I, 982b, in *Œuvres complètes*，出處同前，p. 1740.
35： Vitruve, *De l'architecture*, VI, préambule, 1, Pierre Gros (dir.) 翻譯 , Les Belles Lettres, 2015, p. 381.

CHAPTER 11 ｜最後三則迷思

1： Walter Scott, *The Lay of the Last Minstrel*, 1805, chant II, stance 22 .（法文引文由本書原著團隊翻譯。）
2：可參考 Antoine Houlou-Garcia, *Il était une fois le zéro*，出處同前。
3：可參考 Thierry Maugenest, Antoine Houlou-Garcia, *21 énigmes pour comprendre (enfin !) les maths*, Albin Michel, 2022, p. 176-178.
4： Werner Heisenberg, *La Partie et le Tout. Le monde de la physique atomique*, Paul Kessler 翻譯 , Flammarion, 1990, p. 131.
5： Samuel A. Goudsmit, « Bias », *Physical Review Letters*, vol. XXV, no 7, 1970, p. 419-420, en particulier la note 2 p. 420.
6：例如 André Comte-Sponville, article « Superstition », *Dictionnaire philosophique*, PUF, 2021, qui écrit : « Plusieurs auteurs présentent l'anecdote comme authentique, et il n'est pas exclu qu'elle le soit. »（這位作者就寫：「多位作者把這則軼事寫得像真實事件，這也可能是真實事件。」） 以及

CHAPTER 9 ｜在彩虹那端……

1： Mark Twain, *A Tramp Abroad* [1880], Harper and Brothers, 1921, p. 170 .（法文引文由本書原著團隊翻譯。）
2： Jamblique, *Vie de Pythagore*, 115-117, Luc Brisson、Alain Philippe Segonds 翻 譯，Les Belles Lettres, 2011, p. 64-65.
3： 出處同上 , p. 65.
4： 畢氏音程各音間的差距並不準確，這也是畢氏音程的弱點，這個問題後來透過十二平均律解決了。可參考 Antoine Houlou-Garcia, « La gamme pythagoricienne », *Bibliothèque Tangente n° 76. Itération et récurrence*, 2021, p. 116-121.
5： 可參考 Christiaan Huygens, Portefeuille 27 [Musica], f. 56, *Œuvres complètes*, Société hollandaise des sciences, La Haye, Nijhoff, 1937, tome XIX, p. 362-363. 針對這個主題的更詳細資料，可參考 François Baskevitch, *Les Représentations de la propagation du son d'Aristote à l'Encyclopédie*, thèse soutenue le 20 octobre 2008 à Nantes.
6： « Newton to Oldenburg. 6 February 1671/2 », in H. W. Turnbull (éd.), *The Correspondence of Isaac Newton*, vol. I, Cambridge University Press, 1959, p. 98 .（法文引文由本書原著團隊翻譯。） 那些斜體字在原始資料中就以斜體書寫。
7： « Newton's second paper on color and light, read at the Royal Society in 1675/6 », in I. Bernard Cohen (éd.), *Isaac Newton Papers and Letters on Natural Philosophy*, Harvard University Press, 1978, p. 192 .（法文引文由本書原著團隊翻譯。）
8： 可參考 Michel Blay, « Présentation. Études sur l'optique newtonienne », in Isaac Newton, *Optique*, Michel Blay 翻譯 , Dunod, 2015.
9： 關於這個主題可參考 Olivier Darrigol « The analogy between light and sound in the history of optics from ancient Greeks to Isaac Newton », *Centaurus*, vol. LII, 2010, partie I, p. 117-155 ; partie II, p. 206-257.
10：Isaac Newton, *Optique*, Livre Second, quatrième partie, Ve observation, Michel Blay 翻譯 , Dunod, 2015, p. 280.
11：可見於《創世紀》（九章 13-14 節），彩虹是神與人立約的記號。提到彩虹的還有《以西結書》（一章 28 節）和《啟示錄》（四章 2-3 節）。
12：可參考 Bernard Maitte, « Les couleurs en physique au xviiie siècle. Débats autour du renversement de leur statut par Newton », *Dix-Huitième Siècle*, vol. LI, no 1, 2019, p. 100-103.
13：Newton, *Optique*，出處同前， p. 342.
14：Aristote, *Météorologiques*, III, 2, 372a, in *Œuvres complètes*, dir. Pierre Pellegrin, Flammarion, 2014, p. 926.
15：*Cod. theol. gr. 31*, fol. 3r., Österreichische Nationalbibliothek, Vienne, Autriche.
16：Isaac Newton, *Principia mathematica*, éd. MarieFrançoise Biarnais, Christian Bourgois, 1985, p. 117.
17：Aristote, *Métaphysique*, livre N, 1093a, in *Œuvres complètes*，出處同前，p. 1968.
18：Plutarque, *Le visage qui apparaît dans le disque de la Lune*, 923a, éd. Alain Lernould (dir.), Presses universitaires du Septentrion, 2013, p. 30-31. (法文翻譯由法文原著團對改編。)
19：詳細的歷史可參考 Bernard Maitte, *Histoire de l'arc-en-ciel*, Seuil, 2005.
20：可參考例如 Izz al-Dīn al-Zanjānī, *Balance de l'équation dans la science d'algèbre et al-muqābala*, éd. Eleonora Sammarchi, Classiques Garnier, 2022.

CHAPTER 10 ｜希臘艷陽下

1： Ernest Renan, *Souvenirs d'enfance et de jeunesse*, Calmann Lévy, 1897, p. 59-60.
2： Hérodote, *Histoires*, I, 74, Philippe-Ernest Legrand 翻譯 , Les Belles Lettres, « CUF », 1946, p. 77.
3： 想知道提及這起事件的有哪些作家，可參考 Lenis Blanche, « L'éclipse de Thalès et ses problèmes », *Revue philosophique de la France et de l'étranger*, tome CLVIII, 1968, p. 154-155.
4： Thomas-Henri Martin, « Sur quelques prédictions d'éclipses mentionnées par des auteurs anciens », *Revue Archéologique*, vol. IX, 1864, p. 170-99.
5： Otto Neugebauer, The Exact Sciences in Antiquity, E. Munksgaard, première édition en 1951.
6： 可參考 John M. Steele, « Eclipse prediction in Mesopotamia », *Archive for History of Exact Sciences*, vol. LIV, no 5, 2000, p. 421-454.
7： 關於這個名詞，可參考 Otto Neugebauer，出處同前，éd. 1957, p. 141-143.

6： Roman Jakobson, « Einstein et la science du langage », *Le Débat*, n° 20 vol. III, 1982, p. 131-142.
7： E. G. Straus, conférence à l'université Yeshiva le 18 septembre 1979, 由 Abraham Pais 引用 , *Subtle is the Lord. The science and the life of Albert Einstein*, Oxford University Press, 2005, p. 36.
8： Maja Winteler-Einstein, « Albert Einstein. A biographical sketch », in Anna Beck (譯者), Peter Havas (顧問), *The Collected Papers of Albert Einstein*, vol. I, Princeton University Press, p. xviii. 由 Marlin Thomas 引用，出處同前，p. 152 . （法文引文由本書原著團隊翻譯。）
9： 可參考 Abraham Pais，出處同前，p. 36.
10：可參考 Brigitte Vuille, Marc Sieber, « Qui sont les enfants à haut potentiel intellectuel (HPI) ? », *La Revue suisse de pédagogie spécialisée*, vol. II, 2013, p. 50.
11：同理，愛因斯坦可能有閱讀困難的傳言，顯然也是過分誇大。可參考 Marlin Thomas，出處同前，p. 153.
12：可特別參考 Peter A. Bucky, *The Private Albert Einstein*, Andrews and McMeal, 1992, p. 25-26.
13：Maja Winteler-Einstein，出處同前，p. xix. 由 Marlin Thomas 引用，出處同前，p. 154 . （法文引文由本書原著團隊翻譯。）
14：Philipp Frank，出處同前，p. 11 . （法文引文由本書原著團隊翻譯。）
15：Anna Beck (譯者), Peter Havas (顧問), *The Collected Papers of Albert Einstein*, vol. I，出處同前，由 Marlin Thomas 引用，出處同前，p. 154.
16：Marlin Thomas，出處同前，p. 154 . （法文引文由本書原著團隊翻譯。）
17：出處同上
18：Jean-Marc Ginoux, *Pour en finir avec le mythe d'Albert Einstein*, Hermann, 2019, p. 10.
19：出自一九五五年四月十九日《紐約時報》，由 Jean-Marc Ginoux 部分引用，出處同前 , p. 19 . （法文引文由本書原著團隊翻譯。）
20：出自 一九四六年七月一日《時代》周刊。（法文引文由本書原著團隊翻譯。）
21：以下網站可以看到原信掃描複本：https://www.atomicarchive.com/resources/documents/beginnings/einstein.html . （法文引文由本書原著團隊翻譯。）
22：出自一九三四年十二月二十八日《紐約時報》。
23：想了解近年針對這個主題所做的詳盡調查，可參考 Jean-Marc Ginoux，出處同前，p. 23-60.
24：可參考 Abraham Pais，出處同前，p. 133-134.
25：原著書名為 *U senci Alberta Ajnštajna*，法文版書名為 *Mileva Einstein : Une vie*, Nicole Casanova 法文翻譯 , Éditions des Femmes, 1991.
26：Abram Ioffe, « Памяти Альберта Ейнштона » （追憶亞伯特・愛因斯坦）, Успехи физических наук （物理學進展） vol. LVII, no 2, 1955, p. 188-192. 英文翻譯可見於 John Stachel (éd.), *Einstein's Miraculous Year : Five Papers That Changed the Face of Physics*, Princeton University Press, 1998, p. xv-lxxii . （法文引文由本書原著團隊翻譯。）
27：因為沒有任何理由可以解釋 (德國物理學家倫琴也沒看過那份原始手稿，可參考 Allen Esterson, David C. Cassidy, Ruth Lewin Sime, *Einstein's Wife : The Real Story of Mileva Einstein-Maric*, MIT Press, 2020, p. 164-165) 。他要是真的看過科學史上這麼重要的手稿，早該明確表示。
28：可參考 Allen Esterson et al.，出處同前，p. 31-33.
29：愛因斯坦與在理工學院認識的兩位好友組成小團體「奧林匹亞學院」。關於這個團體，其中一名成員莫里斯・蘇羅文寫道：「愛因斯坦找到工作後與米列娃・馬利奇結婚，一個他在理工學院認識的塞爾維亞女同學。這完全不影響我們的聚會。米列娃聰明穩重，會很專心聽我們討論，但從不發言。」(in Albert Einstein, *Lettres à Maurice Solovine*, Gauthier-Villars, 1956, p. XII).
30：可參考 Allen Esterson et al.，出處同前，p. 84-88.
31：可參考 « Women academics seem to be submitting fewer papers during coronavirus, "Never seen anything like it", says one editor », *The Lily*, 24 avril 2020.
32：可參考 Margaux Collet et Alice Gayraud, « L'impact du Covid-19 sur l'emploi des femmes », *Rapport de la Fondation des femmes*, mars 2021.
33：Albert Einstein, « Comment je vois le monde » (1934), dans *Comment je vois le monde* (1934-1958), Maurice Solovine 翻譯 , Flammarion, 1958, p. 5.
34：Albert Einstein, Sigmund Freud, Pourquoi la guerre ?, Institut international de coopération intellectuelle – Société des Nations, 1933, 可參考聯合國教科文組織網頁 : https://fr.unesco.org/courier/may-1985/pourquoi-guerrelettre-dalbert-einstein-sigmund-freud.
35：Bertrand Russell, « Do governments desire war ? » [24 août 1932], in *Mortals and Others*, Routledge, 2009, p. 114 . （法文引文由本書原著團隊翻譯。）

CHAPTER 7 ｜地球像柳橙一樣平

1： Washington Irving, *The Life and Voyages of Christopher Columbus, in The Complete Works of Washington Irving*, Thomas Y. Crowell & Company, vol. V, 1848, p. 60 .（法文引文由本書原著團隊翻譯。）
2： 可參考 Jeffrey Burton Russell, *Inventing the Flat Earth. Columbus and Modern Historians*, Praeger Publishers, 1991, p. 8-9.
3： 例如二〇一九年一月，法國有位部長瑪琳・席亞帕（Marlène Schiappa）就在接受 RMC 廣播電台訪問時說：「我要提醒大家，伽利略獨自面對多數人，說出地球不只是圓的，也會轉動。當時大多數人以為地球是平的，而且靜止不動。」in Sylvie Nony, *La Terre plate. Généalogie d'une idée fausse*, Les Belles Lettres, 2021, introduction de Violaine Giacomotto-Charra.
4： Serge Galam, « Pas de certitude scientifique sur le climat », *Le Monde*, 6 février 2007 (https://www.lemonde.fr/idees/article/2007/02/06/pas-de-certitude-scientifique-surle-climat-par-serge-galam_864174_3232.html)
5： Pseudo-Plutarque, *Des opinions des philosophes*, III, 10.
6： 可參考 Diogène Laërce, *Vies*, IX, 21.
7： Aristote, *Du ciel*, II, 14, 297a, Paul Moraux 翻譯 , Les Belles Lettres, « CUF », 1965, p. 99.
8： 出處同上 , 297b，出處同前，p. 100.
9： 在《天體運行論》最終版，阿里斯塔克的名字被從前言刪除了，然而這位天文學家以幾何學證明了地動說比天動說更合理。關於阿里斯塔克對哥白尼可能造成（但有待討論）的影響，可參考 Nicolas Copernic, *De revolutionibus orbium coelestium*, Les Belles Lettres, 2015, tome II, p. 475 et tome III p. 596-597.
10：BNF Fr. 574, f. 41r 手抄本左欄。這段文字的謄本來自 *L'Image du monde de maître Gossouin*, éd. O. H. Prior, Librairie Payot & Cie, 1913, p. 93 : « comme une mouche iroit entour une pomme reonde ; autresi pouroit aler ·i· homme par tout le monde, tant comme la terre dure, par nature tout entour, si que quant il vendroit desouz nous, il li sambleroit que nous fussienz desouz lui. »
11：*BNF Fr. 574*, f. 42r 手抄本左欄。
12：Jean de Mandeville, *Mandeville's Travels*, Malcolm Letts 翻譯 , Hakluyt Society, 1953, vol. I, p. 129. 由 Lesley B. Cormack, « That medieval Christians taught that the earth was flat » 引用 , in Ronald L. Numbers (dir.), *Galileo Goes to Jail and Other Myths about Science and Religion*, Harvard University Press, 2010, p. 32.
13：Geoffrey Chaucer, « The Franklin's tale », in *The Works of Geoffrey Chaucer*, éd. F. N. Robinson, Houghton Mifflin Co., 1961, p. 140. 由 Lesley B. Cormack 引用，出處同前，p. 32.
14：想知道更詳細作品列表與參考出處，可參考 Lesley B. Cormack，出處同前，p. 31.
15：Lactance, *Institutions divines*, III, XXIV, in *Choix de monuments primitifs de l'Église chrétienne*, Société du Panthéon littéraire, 1843, p. 580.
16：Copernic, *De revolutionibus orbium coelestium*, 作者自序（致教宗保祿三世）, Les Belles Lettres, 2015, tome II, p. 9.
17：Voltaire, « Ciel matériel », *Dictionnaire philosophique*, Garnier, tome XVIII, 1878, p. 185-186. 第二段引文是伏爾泰在該頁下方寫的註記。
18：John William Draper, *History of the Conflict Between Religion and Science*, Cambridge University Press, 2009, p. 157-159 .（法文引文由本書原著團隊翻譯。）

CHAPTER 8 ｜資質平庸使用手冊

1： 這場演講發表於一九三〇年十月二十八日，地點是在倫敦薩沃伊飯店舉行的一場晚宴，愛因斯坦也出席了。講稿出處：George Bernard Shaw, Fred D. Crawford, « Toast to Albert Einstein », *Shaw* (Penn State University Press), vol. XV, 1995, p. 233-234 .（法文引文由本書原著團隊翻譯。）
2： 法文原句 les désarrois de l'élève Einstein 是諧仿奧地利小說家羅伯特・穆齊爾（Robert Musil）首部小說的名字《問題學生托萊斯》（Les Désarrois de l'élève Törless）。
3： 這篇文章做了極佳的統整分析：Marlin Thomas, « Albert Einstein and LD : An evaluation of the evidence », *Journal of Learning Disabilities*, 2000, p. 149-157 .（法文引文由本書原著團隊翻譯。）
4： 出自愛因斯坦寫於一九五四年的一封信，由 Banesh Hoffmann, Helen Dukas 引用 , *Albert Einstein : Creator and Rebel*, New American Library, 1973, p. 14 .（法文引文由本書原著團隊翻譯。）
5： 這本書也用了幾乎相同的引言：Philipp Frank, *Einstein. His Life and Times*, George Rosen 翻譯 , Alfred A. Knopf, 1947, p. 8.

correzioni ed aggiunte di Galileo*, in *Le opere di Galileo Galilei, Firenze*, Edizione nazionale, 1894, vol. IV, p. 264.

10：« Vincenzo Ranieri a Galileo, 13 marzo 1641 », lettre n° 4117, in *Le opere di Galileo Galilei*, Firenze, Edizione nazionale, 1937, vol. XVIII, p. 305-306. 這位耶穌會修士是尼科洛・卡貝奧（Niccolò Cabeo）。

11：Galilée, *Discours et démonstrations mathématiques concernant deux sciences nouvelles*, 213, éd. Maurice Clavelin, Presses universitaires de France, 1995, p. 144.

12：出處同上

13：出處同上

14：例如法國哲學家尼科爾・奧雷姆（Nicole Oresme），可參考 Edward Grant, *The Foundations of Modern Science in the Middle Ages : Their Religious, Institutional, and Intellectual Contexts*, Cambridge University Press, 1996, p. 164-165.

15：可參考 Walter R. Laird, *The Unfinished Mechanics of Giuseppe Moletti*, University of Toronto Press, 2000, p. 150.

16：Emmanuel Kant, *Critique de la raison pure*, préface de la seconde édition, éd. Ferdinand Alquié, Gallimard, « Folio », 1980, p. 43.

17：Galilée, *Discours et démonstrations mathématiques concernant deux sciences nouvelles*, 212, éd. Maurice Clavelin, Presses universitaires de France, 1995, p. 143.

18：可參考 Lucio Russo, *Notre culture scientifique*, chapitre 4, Antoine Houlou-Garcia 翻譯 , Les Belles Lettres, 2020.

19：Galilée, *Dialogue sur les deux grands systèmes du monde*, 299-300, René Fréreux 翻譯 , Seuil, 1992, p. 285.

CHAPTER 6 ｜又一個女巫？

1：*Anthologie grecque*, IX, 400, P. Waltz, G. Soury, J. Irigoin et P. Laurens 翻譯 , *tome VIII, livre IX. Épigrammes démonstratives*, Les Belles Lettres, « CUF », 1974. 我們採用這個譯本，唯一不同之處是改變分行斷句的方式，以凸顯希臘古詩的韻腳。

2：Jean de Nikiou, Chronique, LXXXIV, in *Notices et extraits des manuscrits de la Bibliothèque nationale et autres bibliothèques*, M. H. Zotenberg 翻譯 , Imprimerie nationale, tome XXIV, p. 464.

3：出處同上 , p. 466.

4：Socrate le Scolastique, *Histoire ecclésiastique*, VII, 15, in Antoine Houlou-Garcia, *Mathematikos. Vies et œuvres des mathématiciens en Grèce et à Rome*, Les Belles Lettres, p. 20-22.

5：這兩方針對敘任權（任命主教和修道院院長的權限）的鬥爭就是典型的例子。

6：此外，羅馬天主教在一九六九年從聖人曆移除了聖加大肋納日（在二〇〇二年又由教宗若望保祿二世恢復），因為連教會當局都承認她絕對只是個傳說人物。

7：可參考 Gustave Bardy, « Catherine d'Alexandrie », in *Dictionnaire d'histoire et de géographie ecclésiastiques*, vol. XI, Paris 1949, p. 1504.

8：Voltaire, *Examen important de Milord Bolingbroke, in Œuvres complètes de Voltaire*, Garnier, 1879, tome XXVI, p. 289-290.

9：可參考 Edward Gibbon, *Histoire du déclin et de la chute de l'Empire romain*, Jacqueline Rémillet 翻譯 , Robert Laffont, 1970.

10：可參考 Leconte de Lisle, « Hypatie », in *Poèmes antiques*, Alphonse Lemerre, 1886, p. 65-68.

11：Dora Russell, *Hypatia or Woman and Knowledge*, Kegan Paul Trench Trubner and Co., 1925, préface.（法文引文由本書原著團隊翻譯。）

12：Synésios de Cyrène, *Correspondance : lettres I-CLVI*, Denis Roques 翻譯 , Les Belles Lettres, « CUF », 2000.

13：可參考 Jacques Sesiano, *Books IV to VII of Diophantus'Arithmetica*, Springer-Verlag, 1982, p. 71-72.

14：十世紀末由拜佔庭學者編纂的《蘇達辭書》（Souda，性質類似百科全書）就這麼說。可參考 Mary Ellen Waithe, « Hypatia of Alexandria », in Mary Ellen Waithe (dir.), *A History of Women Philosophers*, vol. I, Martinus Nijhoff Publishers, 1987, p. 180.

15：可參考 Mary Ellen Waithe，出處同前，p. 186.

16：出處同上 , p. 191-192.

17：可參考 Georg Luck, « Palladas : christian or pagan ? », *Harvard Studies in Classical Philology*, vol. LXIII, 1958, p. 463.

18：Voltaire, *Dictionnaire philosophique*, Garnier, tome XIX, 1878, p. 393.

18：Gerald L. Geison, *The Private Science of Louis Pasteur*, Princeton University Press, 1995, p. 199-202.
19：可參考 Philippe Decourt, « Précisions sur les premiers essais d'application à l'homme du vaccin de Roux-Pasteur contre la rage », *Communication présentée à la séance du 23 janvier 1988 de la Société française d'histoire de la médecine*, p. 31.
20：In « Discussions sur les vaccinations antirabiques », *Œuvres de Pasteur*，出處同前，p. 761-897. 由 Philippe Decourt 引用，出處同前，p. 32.
21：出處同上
22：出處同上
23：在此不列舉巴斯德職業生涯中所有的爭議，而是聚焦於杜桑和高堤埃，因為他們與本章探討的炭疽病和狂犬病直接相關。
24：可參考 Antoine Houlou-Garcia, Thierry Maugenest, *Une histoire la manipulation par les chiffres de l'Antiquité à nos jours*, Albin Michel ; J'ai lu, 2022, p. 232.
25：Henry Toussaint, « Procédé pour la vaccination des moutons et des jeunes chiens contre la maladie charbonneuse », *Bull. Acad. Méd.*, IX, 1880, p. 792-796.
26：可參考 Nadine Chevallier-Jussiau, « Henry Toussaint and Louis Pasteur. Rivalry over a vaccine », *Histoire des sciences médicales*. 44, 1, 2010, p. 55-64 ; 也可參考 Jean Théodoridès, « Quelques grands précurseurs de Pasteur », *Histoire des sciences médicales*, 7, 1973, p. 336-343.
27：可參考 Henri Tachoire, « Une polémique scientifique sur la vaccination contre la rage, Pierre-Victor Galtier et Louis Pasteur », *Académie des sciences, lettres et beaux-arts de Marseille*, 2012.
28：「為了找到一種在人體吸收狂犬病毒後能中和病毒，從而預防發病的藥劑，我進行了一些實驗。根據我對微生物的研究，我有理由相信狂犬病一旦確診，病期雖為時甚長，未必不可治癒。因為該病對神經系統造成的損傷，我認為找到一種有效的預防方法，幾乎就等於找到治療方法，尤其這種預防方法若是極為有效，在患者被咬傷後一到兩日、感染病毒後仍可補救。」(由 Jean Théodoridès 引用 , *Histoire de la rage. Cave Canem*, Masson, 1986).
29：他寫道：「若有乳牛感染嚴重肺結核或乳房疾病，不宜飲用採自這些牛隻的乳汁。應將取自可疑乳牛的乳汁煮沸，這是必要措施。」（由 Roland Rosset 引用，« Pasteur et la rage : le rôle des vétérinaires (Galtier et Bourrel en particulier) », *Bulletin de l'Académie vétérinaire de France*, 138-4, 1985, p. 425-447).
30：可參考 Muriel Gorrindot, *Priorité de Galtier dans la découverte du vaccin contre la rage et la stérilisation du lait et de ses dérivés par l'ébullition*, thèse de doctorat en médecine, faculté de médecine Xavier-Bichat, université Paris-VII, 23 octobre 1984.
31：Louis Pasteur, « Méthode pour prévenir la rage après morsure »，出處同前，p. 772.
32：可信資料可參考 « La rage et l'institut Pasteur », *Journal de la société statistique de Paris*, tome XXVIII 1887, p. 182-184.
33：Louis Pasteur, « Méthode pour prévenir la rage après morsure »，出處同前，p. 772.
34：可參考 Maxime Schwartz, « Le vaccin qui fit la gloire de Pasteur », *Les Tribunes de la santé*, no 47, 2015, p. 30.

CHAPTER 5 ｜是誰爬上了比薩斜塔？

1：Albert Einstein, « On the method of theoretical physics », *Philosophy of Science*, vol. I, no 2, 1934, p. 164.（法文引文由本書原著團隊翻譯。）
2：Vincenzo Viviani, *Racconto istorico della vita di Galileo, in Le opere di Galileo Galilei*, Edizione nazionale, Firenze, 1907, vol. XIX, p. 606.（法文引文由本書原著團隊翻譯。）
3：*Physique*, 215a.
4：出處同上 , 216a.
5：*Traité du ciel*, 313 a-b.
6：可參考 Carlo Rovelli, « Aristotle's physics : A physicist's look », *Journal of the American Philosophical Association*, vol. I, 2015, p. 28.
7：Giorgio Coresio, *Operetta intorno al galleggiare de corpi solidi*, Florence, Bartolomeo Sermartelli, 1612, p. 52 .（法文引文由本書原著團隊翻譯。）以下資料來源有本段文字較易讀的版本：*Le opere di Galileo Galilei*, Edizione nazionale, Firenze, 1894, vol. IV p. 242.
8：在義大利文中寫做「Erra」。
9：D. Benedetto Castelli, *Errori di Giorgio Coresi nella sua Operetta del galleggiare della figura, con*

11：可參考 Karin Blanc, « Le couple Curie et les prix Nobel », *Bibnum*（可線上查閱）, Physique, 2018.
12：一九〇三年一月二十五日，皮耶・居禮寫給亨利・龐加萊的信。Archives Henri Poincaré, Nancy. Transcription par Karin Blanc，出處同上。
13：*Le Petit Parisien*, 10 janvier 1904, p. 14.
14：可參考 Liesl Goecker, « Indian media, Esther Duflo is not "wife of" ; she's a Nobel laureate in economics », *The Swaddle*, 15 octobre 2019.
15：Octave Béliard, « Madame Pierre Curie », *Les Hommes du jour*, 12 février 1910, no 108, p. 2.
16：*Le Temps*, 4 novembre 1911, 由 Karin Blanc 引用, « Marie Curie et le Nobel », *Uppsala Studies in History of Science*, 1999, p. 60.
17：可參考 Catherine Négovanovic, « Une "étrangère" au Panthéon : De la "cabale dreyfusarde" à la mythification de Marie Curie », *Pleins feux sur les femmes* (in)visibles, 22-23 novembre 2018, CREM, université de Lorraine, p. 6.
18：Marie Curie, *Conférence Nobel* (1911), p. 12（全文可見於居禮博物館網站）。
19：諾貝爾物理學與化學獎得主有權提名這兩個獎項的候選人，瑪莉・居禮在一九〇四年與一九一〇年就提名了人選。
20：可參考 Antoine Houlou-Garcia, *La Politique, Manuel à l'usage des citoyens qui n'y comprennent plus rien*, Albin Michel, 2022, p. 217 sqq.
21：可參考 Margaret Rossiter, *Women Scientists in America : Struggles and Strategies to 1940*, Johns-Hopkins Press, 1982, p. 127.
22：出處同上
23：可參考 Gloria Lubkin, « Women in physics », *Today*, XXIV, 4, 1971, p. 23-27.
24：可參考 Sally Gregory Kohlstedt, « Sustaining gains : Reflections on women in science and technology in 20th-century United States », *NWSA Journal*, vol. XVI, n° 1, 2004, p. 1-26.
25：https://ec.europa.eu/research-and-innovation/en/horizon-magazine/what-did-marie-sklodowska-curie-everdo-us .（法文引文由本書原著團隊翻譯。）

CHAPTER 4 ｜人類恩主的小實驗

1： Raymond Poincaré, « Discours prononcé par M. R. Poincaré, ministre de l'Instruction publique, aux obsèques de Louis Pasteur, le 5 octobre 1895 », *La Revue pédagogique*, tome XXVII, juillet-décembre 1895, p. 289-294.
2： Sully Prudhomme, *Le Prisme*, « Sonnet à Pasteur », in *Œuvres de Sully Prudhomme, Poésies 1879-1888*, Alphonse Lemerre, 1888, p. 37.
3： 指的是托勒密二世和托勒密八世。
4： https://www.gouvernement.fr/partage/12650-naissance-de-louis-pasteur.
5： *Œuvres de Pasteur*, Masson, 1933, tome VI, p. 335. 由 Antonio Cadeddu, « Pasteur et la vaccination contre le charbon : une analyse historique et critique » 引用, *History and Philosophy of the Life Sciences*, vol. IX, n° 2, 1987, p. 259.
6： Fonds Pasteur (1869), Registres de laboratoire, cahier 91 (10 novembre 1880-10 avril 1882), p. 108-109, 由 Cadeddu 引用，出處同前，p. 259-260.
7： *Œuvres de Pasteur*, 出處同前，p. 348，由 Cadeddu 引用，出處同前，p. 260-261. 拉丁原文出處為 l'Énéide (X, 284) de Virgile.
8： 取代了原本要使用的一隻綿羊。
9： 尼科勒當天並不在場（他年紀還太小），但仍握有精確資訊，因為他在事發多年後進了巴斯德研究所（沒錯）從事研究工作，多位曾與巴斯德共事的學者都在該機構任職，包括艾彌爾・魯在內。
10：Charles Nicolle, *Biologie de l'invention*, Félix Alcan, 1932, p. 64-65.
11：可參考 Cadeddu，出處同前，p. 264.
12：可參考 Émile Lagrange, *Monsieur Roux*, Bruxelles, 1954, p. 43-44.
13：可參考 Cadeddu，出處同前，p. 266.
14：這種藥劑會使細菌無法產生孢子，使細菌放慢生命周期，而得以在不利的環境條件中存活。
15：Louis Pasteur, « Méthode pour prévenir la rage après morsure », *Comptes rendus des séances de l'Académie des sciences*, tome CI, 1885, p. 765-772.
16：出處同上 , p. 770.
17：而且牠的胃裡有牧草、稻草，以及碎木片，顯示牠可能帶有狂犬病毒，但這仍然不是確切證據。

CHAPTER 2 ｜我找到了！

1： Alfred North Whitehead, *An Introduction to Mathematics*, Henry Holt & Company, 1911, p. 40.（法文引文由本書原著團隊翻譯。）
2： Plutarque, *Vie de Marcellus*, XIX, 8-9, in *Vies. Tome IV*, Émile Chambry、Robert Flacelière 翻譯 , Les Belles Lettres, « CUF », 1967, p. 215.
3： Vitruve, *De l'architecture*, IX, préf. 9, éd. Pierre Gros, Les Belles Lettres, 2015, p. 579.
4： Archimède, *Des corps flottants*, I, 5, in *Œuvres*, tome III, Charles Mugler 翻譯 , Les Belles Lettres, « CUF », 2002, p. 13.
5： 出處同上 , I, 2, p. 7.
6： 原句為：「Δός μοί ποῦ στῶ , καὶ κινῶ τὴν γῆ ν」，意思是「給我一個我能緊握之處，我將搖動地球。」，可參考 Paul Ver Eecke, « Note sur une interprétation erronée d'une sentence d'Archimède », *L'Antiquité classique*, tome XXIV, fasc. 1, 1955, p. 132.
7： 可參考 *Les Catoptriciens grecs*, éd. Roshdi Rashed, Les Belles Lettres, « CUF », 2002, p. XVII.
8： Pappus d'Alexandrie, *La Collection mathématique*, VIII, IX, Paul Ver Eecke 翻譯，Desclée de Brouwer, 1933, tome II, p. 836.
9： Diodore, *Bibliothèque historique*, I, 34, 2：「在敘拉古的阿基米德打造的機器幫助下，居民能輕鬆灌溉全島，這個機器也因為形似蛞蝓而得名。」我們通常翻譯為「蛞蝓」的希臘文名詞是 κοχλίας，意思是螺旋狀的貝殼，拉丁文寫為 cochlea，特別可見於維特魯威的作品。關於螺旋抽水機的技術與相關希臘文獻，可參考 Michel Casevitz, « Les utilisations de l'eau dans les techniques en lisant Diodore de Sicile, Strabon et Pausanias », *L'Homme et l'eau en Méditerranée et au Proche-Orient. III. L'eau dans les techniques. Séminaire de recherche 1981-1982*, Lyon, Maison de l'Orient et de la Méditerranée Jean-Pouilloux, 1986, p. 15-19.
10：Vitruve，出處同前，p. 671.
11：出處同上 , p. 670, n. 51.
12：部分是希臘文，部分是阿拉伯文翻譯。可參考 Archimède, *Stomachion* in *Œuvres*, tome III, Charles Mugler 翻譯 , Les Belles Lettres, « CUF », 2002, p. 69.
13：Ausone, *Centon nuptial*, in Ausonius, Opera, éd. R.P.H. Green, Oxford Classical Texts, The Clarendon Press, 1999, p. 147 .（法文引文由本書原著團隊翻譯。）
14：常稱為「歐多克索斯逼近法」，因為歐多克索斯（Eudoxe de Cnide）發想出逼近法的前半部，但在阿基米德手中臻於完善（並成為強大的運算方法）。
15：Cicéron, *Tusculanes*, V, 23, texte établi par G. Fohlen, J. Humbert 翻譯 , Les Belles Lettres, « CUF », 1998.
16：Eric Temple Bell, *The Development of Mathematics*, McGraw-Hill Book Co, 1945, p. 76.

CHAPTER 3 ｜為女性打頭陣的女性

1： 起初叫做瑪麗・居禮人才培育計畫（Actions Marie-Curie），在二〇一四年更名為瑪麗・郭多夫斯卡—居禮人才培育計畫（Actions Marie-Skłodowska-Curie）。
2： https://ec.europa.eu/research-and-innovation/en/horizon-magazine/what-did-marie-sklodowska-curie-everdo-us .（法文引文由本書原著團隊翻譯。）
3： Alice Milani 寫的 *Marie Curie*、Agnieszka Biskup 寫的 *Marie Curie en BD*、Céka et Yigaël 寫的 *Marie Curie. La scientifique aux deux prix Nobel*、Renaud Huynh 和 Chantal Montellier 合著的 *Marie Curie, la fée du radium*，以及其他多部作品。
4： Claudine Monteil 這個書名就是個例子：*Marie Curie et ses filles. Libres, géniales, pionnières, inspirantes, puissantes*（瑪莉・居禮與她的女兒。自由、傑出、開路先鋒、啟迪人心、充滿力量）。
5： Élisabeth Motsch 寫的 *Marie Curie. Non au découragement*。
6： Irène Frain 寫的 *Marie Curie prend un amant*、Per Olov Enquist 寫的 Blanche et Marie，不勝枚舉。
7： 從茂文・李洛埃在一九四三年拍攝的美國電影《居禮夫人》，到二〇一九年由瑪嘉・莎塔碧（Marjane Satrapi）拍攝的英國電影《居禮夫人：放射永恆》（Radioactive）。
8： Octave Béliard, « Madame Pierre Curie », *Les Hommes du jour*, 12 février 1910, n° 108, p. 4.
9： 瑞典皇家科學院科學史中心，諾貝爾文獻資料庫。
10：是這幾位：le général Bassot、H. Poincaré、E. Mascart、C. Wolf、M. Lévy、G. Lemoine、G. Lippmann、E. Picard、O. Callandreau、A. Haller、R. Radau、A. de Lapparent、E. Amagat、L. Cailletet、G. Humbert、P. Appell、G. Darboux、H. Deslandres、A. Lacroix。

註釋

題詞

1：Johann Wolfgang von Goethe, *Einzelnheiten. Maximen und Reflexionen, in Goethe's Werke. Vollständige Ausgabe letzter Hand*, vol. XLIX, Cotta'schen Buchhandlung, 1833, p. 42.（法文引文由本書原著團隊翻譯。）
2：Ludwig Wittgenstein, « Remarques sur "Le Rameau d'or" de Frazer », Jean Lacoste 翻譯 , *Actes de la recherche en sciences sociales*, vol. XVI, 1977, p. 36.

CHAPTER 1 ｜我頭上被砸的一小下，是人類的一大理論

1：Lord Byron, *Don Juan*, 1824, chant X, 1, in *The Works of Lord Byron*, éd. Ernest Hartley Coleridge, vol. VI, John Murray, 1905, p. 400.（法文引文由本書原著團隊翻譯。）
2：Mr de Voltaire [sic], *An Essay Upon the Civil Wars of France, Extracted From Curious Manuscripts*, Londres, Samuel Jallasson, 1727, p. 104.（法文引文由本書原著團隊翻譯。）
3：William Stukeley, *Memoirs of Sir Isaac Newton's Life*, 1752, f. 14-16（原始手稿），法文引文由本書原著團隊翻譯。亦可參考 William Stukeley, *Memoirs of Sir Isaac Newton's Life*, Taylor & Francis, 1936, p. 18-20.
4：John Conduitt et al., *The Portsmouth Manuscripts*, King's College Library, Cambridge, 由 R. G. Keesing, « The history of Newton's apple tree », *Contemporary Physics* 引用 , 1998, vol. XXXIX, no 5, p. 379.（法文引文由本書原著團隊翻譯。）
5：John Conduitt (Keynes MS 130.4), King's College Library, Cambridge, 10-12, 由 R. G. Keesing, « The history of Newton's apple tree », *Contemporary Physics* 引用 , 1998, vol. XXXIX no 5, p. 379.（法文引文由本書原著團隊翻譯。）
6：被稱為「Newton's Waste Book」, MS Add. 4004, Cambridge University Library. 對這本筆記中引力相關內容的評析，可參考 J. W. Herivel, « Newton's discovery of the law of centrifugal force », *Isis*, vol. LI, n° 4, 1960, p. 546-553.
7：牛頓稱之為「流數法」（Method of Fluxions）。
8：G. W. Leibniz, « Nova Methodus pro Maximis et Minimis », *Acta Eruditorum*, octobre 1684, p. 467-473.
9：可參考 Stephen Hawking, « Préface », in Isaac Newton, *Principia mathematica*, éd. Marie- Françoise Biarnais, Christian Bourgois, 1985, p. 12-13.
10：拉丁原文為：「In literis quæ mihi cum Geometra peritissimo G. G. Leibnitio annis abhinc decem intercedebant [...] rescripsit Vir Clarissimus se quoq ; in ejusmodi methodum incidisse, & methodum suam communicavit a mea vix abludentem præterquam in verborum & notarum formulis」, in Isaac Newton, *Philosophiæ naturalis principia mathematica*, livre II, sect. II, Lemma II, Scholium, Londres, Royal Society, 1684.
11：可參考 Isaac Newton, *The Principia : The Authoritative Translation and Guide : Mathematical Principles of Natural Philosophy*, éd. Bernard Cohen, Anne Whitman, Julia Budenz, University of California Press, 1999, p. 24.
12：還有克里斯多福・雷恩（Christopher Wren，英國天文學家與建築師）。
13：出處同上 , p. 16.
14：出處同上 , p. 48-49.
15：Aristote, *Métaphysique*, I, 982b, in *Œuvres complètes*, dir. Pierre Pellegrin, Flammarion, 2014, p. 1740.
16：Platon, *Théétète*, 174b.
17：https://www.york.ac.uk/physics-engineeringtechnology/about/newtons-apple-tree/.
18：Alexis Clairaut, « Exposition abrégée du système du monde, et explication des principaux phénomènes astronomiques tirée des Principes de M. Newton », suppl. à Isaac Newton, *Principes mathématiques de la philosophie naturelle*, Émilie du Châtelet 翻譯 , Desaint & Saillant, Lambert, 1756, tome II, p. 6.

BO0360

蘋果才沒有砸在牛頓頭上！

長久以來被誤解的科學故事大解密

作　　者／安托萬・侯盧—賈西亞（Antoine Houlou-Garcia）
譯　　者／林凱雄
責任編輯／陳冠豪
版　　權／吳亭儀、江欣瑜、顏慧儀、游晨瑋
行銷業務／周佑潔、華華、林詩富、吳淑華、吳藝佳

總　編　輯／陳美靜
總　經　理／彭之琬
事業群總經理／黃淑貞
發　行　人／何飛鵬
法律顧問／元禾法律事務所　王子文律師
出　　版／商周出版
台北市南港區昆陽街 16 號 4 樓
電話：(02)2500-7008　傳真：(02)2500-7579
E-mail：bwp.service@cite.com.tw
Blog：http://bwp25007008.pixnet.net/blog
發　　行／英屬蓋曼群島商家庭傳媒股份有限公司城邦分公司
台北市南港區昆陽街 16 號 8 樓
書虫客服服務專線：(02)2500-7718・(02)2500-7719
24 小時傳真服務：(02)2500-1990・(02)2500-1991
服務時間：週一至週五 09:30-12:00・13:30-17:00
郵撥帳號：19863813　戶名：書虫股份有限公司
讀者服務信箱：service@readingclub.com.tw
歡迎光臨城邦讀書花園　網址：www.cite.com.tw
香港發行所／城邦（香港）出版集團有限公司
香港九龍九龍城土瓜灣道 86 號順聯工業大廈 6 樓 A 室
電話：(825)2508-6231　傳真：(852)2578-9337
E-mail：hkcite@biznetvigator.com
馬新發行所／城邦（馬新）出版集團【Cite (M) Sdn. Bhd.】
41, Jalan Radin Anum, Bandar Baru Sri Petaling,
57000 Kuala Lumpur, Malaysia.
電話：(603)9056-3833　傳真：(603)9057-6622
E-mail: service@cite.my

封面設計／FE 設計　　內文排版／李偉涵
印　　刷／韋懋實業有限公司
經　銷　商／聯合發行股份有限公司　電話：(02)2917-8022　傳真：(02) 2911-0053
地址：新北市新店區寶橋路 235 巷 6 弄 6 號 2 樓

■ 2025 年（民 114 年）5 月初版

Printed in Taiwan
城邦讀書花園
www.cite.com.tw

定價／420 元（平裝）　320 元（EPUB）
ISBN：978-626-390-523-8（平裝）
ISBN：978-626-390-524-5（EPUB）

國家圖書館出版品預行編目 (CIP) 資料

蘋果才沒有砸在牛頓頭上！：長久以來被誤解的科學故事大解密 / 安托萬 ・ 侯盧—賈西亞（Antoine Houlou-Garcia）著；林凱雄譯 . -- 初版 . -- 臺北市：商周出版：英屬蓋曼群島商家庭傳媒股份有限公司城邦分公司發行, 民 114.5 面；　公分　(BO0360)

譯自：Et la pomme ne tomba pas la tête de Newton

ISBN 978-626-390-523-8(平裝)

1.CST: 科學 2.CST: 歷史 3.CST: 軼事

309　　114004608